I LOVE CHEESE CAKES !

RAMEKIN

吃了會微笑的

cheese

新手也會作

吃了會微笑的 cheese

起司蛋糕

3種製作方式×**4**大分類基礎圖解說明

51道濃醇香起司蛋糕&點心

石澤清美◎著

CONTENTS

新手也會作
吃了會微笑的起司蛋糕

六款乳酪
登場囉！

這裡介紹的是六款適合用來製作起司蛋糕的乳酪。
先對乳酪有一點認識，能大約分辨出味道，品嘗起司蛋糕時將增添不少樂趣。

cottage cheese

〔 新鮮型 〕

屬於未熟成的乳酪，特色是略酸、清新爽口。
保存期限短，宜儘早食用。

cream cheese

鄉村乳酪
●●●●●
由脫脂乳或脫脂奶粉製成的低脂、高蛋白
乳酪。略酸、口味簡單是它的特色。作蛋
糕選擇如照片所示的過篩型會比較方便。
如果手邊沒有這一型乳酪，請先過濾成滑
順狀後再使用。
＊用於P.37「鄉村乳酪&豆奶蜂蜜生起司
　蛋糕」及P.60「鄉村乳酪起司蛋糕」。

mascarpone

奶油乳酪
●●●●●
在牛奶中添加鮮奶油，口感滑順、濃郁。
雖少了乳酪特有的香氣及餘味，但味濃、
風味佳，最適合用來製作起司蛋糕。
＊本書中的起司蛋糕幾乎都有用到

瑪斯卡邦乳酪
●●●●●
原產於義大利，以牛奶及鮮奶油為原料的
滑潤奶油狀乳酪。有類似奶油（butter）的
甜味，柔和順口。
＊用於P.30的「提拉米蘇」

〔熟成型〕

添加青黴或白黴，以鹽水清洗的熟成型乳酪。熟成期因乳酪而異，形成不同的特殊風味。但過度熟成時會產生阿摩尼亞的味道，不適合用來製作起司蛋糕。

blue cheese

藍黴乳酪
● ● ● ● ●
加青黴熟成的乳酪，呈現如大理石般的青藍色黴紋。味道刺激、香氣獨特。有一股特殊氣味、偏鹹。
＊用於P.31「藍黴乳酪&白酒生起司蛋糕」

fromage blanc

法式白乳酪
● ● ● ● ●
法文直譯就是「白乳酪」。誠如名稱所示，這款乳酪雪白而口感滑順，帶有優格般的酸味，和水果醬汁搭配十分對味。
＊用於P.72的「天使奶油」

camembert

卡門貝爾乳酪
● ● ● ● ●
以白黴熟成，原產於法國的乳酪。外硬內軟，風味獨特、帶鹽味。濃醇度隨熟成度而提高，當中間呈糊狀，正是最佳賞味期。
＊用於P.68的「卡門貝爾乳酪&果醬舒芙蕾起司蛋糕」

起司蛋糕製作材料

Materials

本書將常用的材料整理如下。
挑選方法及材料性質等也一併作了説明，可以作為購買時的參考。

● 奶油乳酪

市售多半是200g及250g包裝，本書Part1至Part2的食譜以200g製作的居多。沒用完的部分可裝進塑膠袋再放入冰箱冷藏保存，但宜儘早用完。Part4中是以50g裝的奶油乳酪來製作簡單零嘴，請動手作作看。

● 鮮奶油

分成植物性及動物性。請選擇風味佳的動物性，且乳脂肪含量約在47%左右的鮮奶油來製作本書的起司蛋糕。

優格 ●

選用不加砂糖的原味優格。表面會泌出被稱為乳清的水分，請充分拌勻後再使用。

奶油（無鹽）●

風味豐富、濃醇。作蛋糕是使用無鹽奶油，有鹽的味道會太濃。暫時不用時可先切成小塊，用保鮮膜包起來裝進塑膠袋中，冷凍保存。

● 白砂糖

顆粒狀的爽口甜味，磨成粉狀就成了糖粉，如P.62至P.63等用於裝飾蛋糕。

● 上白糖

本書標示為「砂糖」的其實就是指上白糖。濕潤柔軟的口感，甜度稍強過白砂糖。

蛋 ●

使用M號或L號的新鮮雞蛋。保存時將圓的一端朝上置於冰箱。蛋白冷凍保存，可先裝入冷凍用小容器後冷凍，要使用時再自然解凍。

檸檬 ●

可提升麵糊的風味，是製作起司蛋糕不可或缺的材料。如果要刨檸檬皮使用，建議選用無農藥的檸檬吃起來令人安心。刨絲時僅使用黃色皮的部分。

6

吉利丁片

可製造滑潤口感的凝結劑。本書建議用量，皆以克數為單位。使用的吉利丁片，約每1.5g可凝結60ml。請注意沸騰後凝結力會減弱。比起粉狀，建議選用比較好處理的片狀。有關吉利T粉請參閱底下★處的說明。

葡萄酒（紅酒白酒）

用來溶化吉利丁，就算只摻入少許，就能大大提升風味。沒有酒時可用水代替，不希望沾附顏色時用白酒。也可隨個人喜好選用洋酒。

低筋麵粉

具黏性的麩質含量較少的小麥粉。即使搓揉，麵糰也不會產生黏性，適合用來製作輕量的起司蛋糕。容易吸附外來味道，宜密封，並儘早食用。

太白粉

太白粉是由馬鈴薯的澱粉製成（台灣是由樹薯製成），吃起來會有滑潤感。本書在烤起司蛋糕時會用到。

方形餅乾

如果是方形模（參閱P.8說明）來製作生起司蛋糕，選擇方形餅乾鋪直接鋪在模底，十分方便。照片中是富含奶油味的餅乾，但可隨喜好換成其他種類的餅乾（參閱P.17）。也可以參考使用biscute（餅乾名稱）。

全麥餅乾

使用未去除小麥胚芽的全粒粉製作的餅乾，甜度低、味道簡單。可和溶化的奶油拌在一起作成餅乾底。餅乾可隨個人喜好作變換。

★ 吉利T的凝結力也會因產品而異。使用吉利T粉時，材料用量請依照建議比例加水溶解（請詳閱說明書以確認多少g可凝固多少ml，換算後再決定用量）

杏仁甜酒
因為帶杏仁獨有香氣而被稱為杏仁甜酒。柔和的香氣與水果的味道很合。

黑醋栗香甜酒
以黑醋栗為原料製成的黑褐色洋酒，特色是略帶酸甜。味道與草莓及藍莓等莓果類很搭。

巧克力酒
帶有巧克力香氣的洋酒。加一點在使用巧克力製作的蛋糕中，口味將變得更豐富、成熟。

蘭姆酒
以糖蜜發酵蒸餾而成的酒。和葡萄乾、水果乾十分對味，浸泡後風味更佳。

依個人喜好挑選洋酒

只需少許便能達到提味效果的洋酒，如果懂得與素材作搭配，將可享受到不同的風味。迷你瓶裝的就夠用了，而要給孩子吃的蛋糕，建議不要摻酒。

起司蛋糕
製作工具

Tools

介紹製作蛋糕時必備的工具，選用便利的用具，
會讓作蛋糕變成一件很有趣的事喔。

●各式模型

選擇不易生鏽且方便取得的不鏽鋼製品，方便脫模且好處理的氟樹脂加工過模具。若備有方型模和圓型模，幾乎所有的蛋糕都可以製作喔!

● 直徑15cm的可脫底圓模

用於製作本書的烤起司蛋糕。烘烤完畢，按一下底部就可以將底取下，十分方便。

● 直徑15cm的固定底圓模

製作舒芙蕾起司蛋糕需隔水加熱時，為預防熱水滲入，要使用底是固定的模具。如果是烤起司蛋糕，為方便脫膜，可先在模具內鋪上烘焙紙（參閱P.40）。

方形模 ●
（14×11cm）

一般用於製作蛋豆腐的模具，尺寸眾多，選擇適合大小即可。脫模容易，本書用它來製作生起司蛋糕，也可用來製作果凍及巧克力，建議準備一個很方便使用的尺寸。

磅蛋糕模 ●
（18×8×6.5cm）

常用於製作磅蛋糕，尺寸不一。括號內的尺寸可用等同於直徑15cm的圓模起司蛋糕的材料和份量來製作。底是固定的，也可隔水加熱。

● 菊花模（用於烤烘馬德蕾）

鋁製，又稱馬德蕾模。如照片所示有直徑7cm（於P.43中使用）及6cm（於P.75中使用）之分。為了不讓麵糊在倒入後產生變形，請挑選材質較厚的。

● 烘焙紙

鋪在模具內，可防止麵糊沾黏。材質有石蠟、玻璃紙及矽膠。為方便脫模，烘焙紙可裁得比模具高2至3cm。

8

●量具
正確秤量材料的份量是邁向成功的第一步！
可能所需材料只有幾公克，
請務必準備可以精確量到1g的量具。

● 磅秤

選擇以1g為單位、容易閱讀的電子磅秤。先放上容器，按下reset鍵，待歸零後再放上材料稱量所需份量。

● 量杯及量匙

選用1量杯＝200ml、容易辨識刻度的款式。量時請置於平坦處，以水平狀態確認刻度。至於量匙，大量匙＝15ml，小量匙＝5ml。

●攪拌
統稱為「攪拌」，但因處理的材料而有各種不同的攪拌混合方式。
重要的是於不同情況下選擇合適的工具。

● 橡皮刮刀

用於切拌麵糊或刮下碗側邊的麵糊。首選為彈性高、可耐高溫至200℃。而柄及刮勺一體成型、無接縫的比較衛生。

● 打蛋器

用於混合材料或打發鮮奶油。要選擇把手好握及鋼圈數多、並堅固的。

電動攪拌器 ●
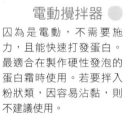
因為是電動，不需要施力，且能快速打發蛋白。最適合在製作硬性發泡的蛋白霜時使用。若要拌入粉狀類，因容易沾黏，則不建議使用。

鋼盆 ●

若是使用電動攪拌器，碗的深度要夠深（照片後）。混合材料時使用開口大的碗（照片中）。溶化吉利丁則用小碗（照片前）。建議選擇容易導熱的不鏽鋼材質。

●過篩
為了呈現蛋糕的鬆軟度，將粉類過篩，使其含有空氣而不會結塊是很重要的步驟。

●脫模
能夠整齊漂亮取出蛋糕的工具，也建議一併備齊。

● 萬用濾網、茶濾網
建議選用有掛耳的。濾網用於過篩粉類或材料，粉類量少或糖粉則用茶濾網過篩會比較方便。

● 抹刀

英文稱為palette-knife或spatule，用於將蛋糕從模具中取出或塗抹奶油。建議選用30cm長度。

網架（涼架）●

用於將剛烤好的蛋糕放涼的架子。通風佳，可加快冷卻速度。建議選用直徑30cm長的網架。

基本常識

一些被食譜書視為理所當然而略過的基本常識，
其實才正是邁向成功的關鍵。
這些基本常識不限於起司蛋糕，
也適合於所有的糕點，請務必用心研讀！

★ 提早由冰箱取出材料，恢復室溫

剛從冰箱取出的冰奶油及乳酪，不易拌開，得
花費較多時間。若是作生起司蛋糕，吉利T可能
因此結塊，若是烤起司蛋糕，則會影響烘烤時
間。雖然是小問題，但往往因此而失敗。

★ 正確秤量材料份量是作蛋糕的鐵則

① 1匙的正確量法

若材料為液體，要滿到產生表面張力。粉類
則先舀得尖尖的、再刮去多餘的粉。絕不要
舀起後再從上面壓滿。

★ 何謂「隔水加熱」？

為了預防材料焦掉，在碗的底下墊上一鍋約
50℃的溫熱水，間接加熱麵糊，或是溶化吉利
丁或巧克力。為預防熱水滲入，底下的鍋子最
好是剛好卡住上層的碗底（吉利丁例外）。

② 1/2匙的量法，液體和粉類的訣竅不同

只取1/2匙的份量時，若材料為液體，由於
量匙的底是圓的，正確的量法是裝滿至約
2/3處。粉類材料則是先量一整匙後再撥去
一半的量。

★ 碗及器具在使用前務必將水分或油漬擦拭乾淨

器具一旦殘留水分或油漬，就可能無法好好打發，或是產生分離現象，導致失敗。所以使用前務必徹底洗淨，並擦乾水分。

殘留在鋼盆邊的麵糊也請刮下混合，不要浪費任何材料！

將材料放入鋼盆中混合時，麵糊會自然黏附在鋼盆邊，無法拌入。所以在倒入模具前，先以橡皮刮刀刮淨麵糊，充分混合使用。另外，雖然很容易忘記，刮刀及打蛋器上的麵糊也是材料份量的一部分，請記得用手抹下拌入喔！

★ 微波爐的加熱時間以600W（瓦）的為準

瓦數因機種而異，若是500瓦，請將書中的時間調整成1.2倍。此外，材料的狀態也會影響加熱時間，請視實際狀況進行調節。

烤箱的烘烤時間僅是大約標準，應視實際狀況作調整

本書的烘烤時間係以電烤箱為主。不過加溫方式因機種而異，即使以設定時間烘烤，烤出的樣子也不盡相同。請檢視手邊的烤箱狀況，再視需要於中途改變模具的位置及烤盤的方向，或是調整烘烤時間。如果是加熱力很強的對流型烤箱，可將烘烤時間減少一至兩成，並留意實際狀況。

生起司蛋糕
基本款 & 變化款

index

只要陸續混合材料攪拌成麵糊狀，

再將麵糊倒進鋪上碎餅乾的模具內，

就可作出甜度減低、散發檸檬清爽風味的純白起司蛋糕。

作法很簡單，就算是第一次嘗試作蛋糕，

一定也能快速上手！

一旦熟悉了基本款的作法，

只要加入一些小小的變化，

就能創造出源源不斷的美味蛋糕。

請從示範的20款蛋糕中，

找到自己喜歡的口味，

動手作作看！

➡P.37　　　➡P.36　　　➡P.34　　　➡P.32　　　➡P.31　　　➡P.30　　　➡P.28

基本款生起司蛋糕
ice boxed cheese cake

混合材料，在模具底部鋪上餅乾後倒入麵糊，
放入冰箱就完成了生起司蛋糕。
這裡使用的模具是方形的，
若換成P.29的圓模具，成品的氛圍將完全不同。

材料●（14×11cm方形模1個）

奶油乳酪…200g
白砂糖…50g
原味優格…100g
檸檬汁…1大匙
鮮奶油…100ml
吉利丁… 4.5g
白酒…1大匙
喜歡的餅乾（P.17）… 約4片

依喜好增減材料！

＊若要調整甜度，基本上使用50g的白砂糖，但可隨喜好增加至
100g。

＊不耐酸味的人，請將檸檬汁的份量減至2小匙。

＊沒有白酒時可以水代替，但洋酒具有提升風味的絕佳效果。可嘗試
摻入P.7中介紹的各款洋酒。

＊使用本材料製作的蛋糕，口感十分柔軟，如果要送人等而需要搬動
時，將吉利丁增加至7.5g，蛋糕比較不易變形，但會稍硬一點。另
請記得盒中放入保冷劑。

記住基本作法，
即可無限延伸應用！

●準備工作

---

1 秤好所有的材料的份量
2 備妥模具

為了方便脫模，先在模具底部鋪上裁成適當大小的烘焙紙。若是生起司蛋糕，選用矽膠材質，不易破裂又方便。

在底部鋪上餅乾。餅乾之間可稍留間距（參閱P.17，配合模具挑選適合的餅乾）。

---

3 泡發吉利丁片

吉利丁片剝成一片片後依序放入水中泡發。
若使用吉利T，將吉利T依照產品建議比例，以冷開水均勻混合後使用隔水加熱溶解後備用。

check!

全部軟化，以手拉扯，可稍微拉開就表示OK了。

---

4 軟化奶油乳酪

將奶油乳酪切成8至10等分後，以包鮮膜包起來，以微波爐（600W）加熱約40秒。以手指按壓，有留下指痕的柔軟度即可。

為方便接下來容易混拌，可先隔著保鮮膜以雙手搓揉。

5 水倒入小鍋中燒熱，以備隔水加熱用（參閱P.10）

★將麵糊隔水加熱　　　　　　　　　　　　　　　　　　　★依序加入材料混合

6

將步驟5材料隔水加熱（參閱P.10），一邊以打蛋器攪拌。

point

這個步驟相當重要。一旦麵糊涼掉，可能會讓吉利丁變硬，使得舌頭的觸感變差。

7

如果和底下鍋子相接部分的麵糊太稀，可移開熱水，再攪拌均勻。在麵糊呈流動狀之前，請一邊檢視一邊反覆隔水加熱約兩次，直到麵糊變光滑為止。

point

以手指觸摸一下麵糊，若覺得冷，再隔水加熱一次，溫熱麵糊。

4

倒入檸檬汁充分混合。

point

優格及檸檬汁酸味都很強，如果沒有均勻攪拌，在加進鮮奶油時容易出現分離現象。

5

一次倒入所有的鮮奶油，與麵糊充分混合。

point

打至光滑狀，訣竅在像是含空氣般混合。這個步驟是否有充分拌勻，關係著作出的糕點好不好吃。

check!

麵糊整體呈現光澤感，且能留下打蛋器的攪拌痕，拉起麵糊，若能挺立著不掉落，表示混和完畢。

1

將奶油乳酪放入碗中，以打蛋器充分拌至光滑狀。

point

將打蛋器的前端往碗底敲打，即可敲出跑進打蛋器鋼圈內的奶油乳酪。

2

一次倒入所有的白砂糖，混合至無顆粒且帶光澤感為止。

point

若不易拌和，請分2至3次倒入白砂糖。

3

加入優格充分混合。

製作麵糊時以食物調理機

將步驟1至5交給食物調理機代勞，真是輕鬆多了！容易分離的鮮奶油最後再加是個竅門。製作烤起司蛋糕（Baked Cheese Cake）也可以比照處理。

作法

將奶油乳酪、白砂糖、原味優格及檸檬汁放入食物調理機，攪拌至光滑狀，最後再倒入鮮奶油混合。以橡皮刮刀將麵糊取至鋼盆中，接著再比照步驟6開始作起。

●脫模方式

1
在一個可以放入模具的較大容器中倒入熱水，模具浸一下熱水即取出。

2
手指沾水，沿模具四周輕按，讓蛋糕不沾黏而容易取出。

3
抽起內層的模具。

4
為防沾黏，抹刀須先沾水，再由側面將蛋糕剝離模具，接著將抹刀插進鋪在模具底部的烘焙紙下方，將蛋糕取至砧板上。

★倒入模具內

10
將麵糊倒入模具中。

point

有時一口氣倒入麵糊，會使鋪在模具底部的餅乾浮起來。建議可先倒入少許，淹過餅乾或等餅乾沉下去後，再倒入剩餘的麵糊。

11
以橡皮刮刀輕抹表面，將麵糊均勻布滿模具，然後覆蓋保鮮膜，放入冰箱冷藏兩小時使其凝固。

★加入吉利丁

8
將白酒倒入小碗中，再放進擠乾水分的吉利丁片，如使用吉利T，即直接加入小碗中，接著隔水加熱。

check!
將吉利丁(或吉利T)加熱軟化至完全呈液體狀。

9
隔著橡皮刮刀分七次倒入步驟7的麵糊中。舀起鋼盆底的麵糊翻拌，以便將吉利丁（或吉利T）均勻分布。如果吉利丁仍有硬度，可再隔水加熱一次。

check!
吉利丁（或吉利T）攪拌至完全無結塊，且呈光滑狀。以刮刀舀起麵糊時會呈現拉絲狀態，並逐漸流下就表示OK了。

更換鋪在底層的材料，盡享不同美味！

　　不論是餅乾或蜂蜜蛋糕等，都可隨喜好鋪在模具底部，作為起司蛋糕底。將餅乾弄碎再拌入奶油，風味會變得更濃，類似水果塔的底層。所以僅是更換鋪底的食材，就可以延伸出許多的變化款了。

★餅乾底的作法

1
取40g喜歡的餅乾放入塑膠袋中，以手捏碎。

2
以空罐或杯子從上面按，將餅乾壓得更碎。

3
將20g的奶油（無鹽）放入耐熱容器，以微波爐加熱約30秒，再將餅乾碎屑倒進來。

4
不停的按壓，將奶油與碎餅乾充分混合。

5
將4放入模具中，以湯匙背輕按成均一厚度。在蛋糕部分的麵糊完成前，先放入冰箱冷藏固定（若是使用圓模作法亦相同）。

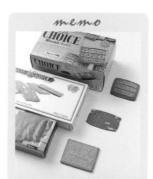

memo

除原味外，也可改用巧克力及杏仁口味的餅乾。如果使用方形模，只要將餅乾鋪在底部即可，很輕鬆喔！

memo

濕潤、甘醇的蜂蜜蛋糕可嘗到海綿蛋糕的口感，切薄片鋪底即可（參閱P.24）。

★當方形餅乾無法整片放進模具時

可以刀子切成適當的大小鋪在底部。請利用不同的餅乾作各種嘗試。

●切割方式

★分切

1
以熱水溫熱刀子，拭去刀上的水分。

2
垂直下刀，再慢慢將刀拔出。每切一刀即重覆一次步驟1的動作。

3
依喜歡的大小分切後，將抹刀插入蛋糕的底部，剝下烘焙紙。

★不切割而直接移至器皿上

抹刀插入底部，讓蛋糕騰空。撕下底下的烘焙紙。餅乾容易一併被剝掉，請小心操作喔！

以 醬汁 調味&調色

簡單的生起司蛋糕雖然十分美味，偶而淋上醬汁，
品嘗完全不同的滋味其實也很不錯。
並且醬汁只要攪拌後再放入電磁爐就搞定了喔！

飽嚐巧克力的柔順甘甜
可可牛奶醬汁

材料 ●（完成後約100ml）
可可粉…1大匙
砂糖…2大匙
鮮奶油…50ml

作法 ●
將可可粉及砂糖倒入碗中，注入2
大匙的熱水加以溶化，再倒入鮮奶
油拌勻即可。

摻入紅酒增添成熟風味
草莓紅酒醬汁

材料 ●（完成後約100ml）
草莓…100g
砂糖…30g
紅酒…3大匙

作法 ●
草莓去蒂，縱切成四等分後放入耐
熱容器，撒上砂糖靜置約30分鐘，
直到出汁。接著倒入紅酒混合，覆
蓋保鮮膜，以微波爐加熱約3分鐘
即可。

sauce

酸酸的檸檬與清爽生薑的新鮮組合
蜂蜜生薑醬汁

材料 ●（完成後約100ml）
蜂蜜…80g
生薑汁…1/2小匙
檸檬汁…2大匙

作法 ●
將所有材料倒進碗中，拌至光滑狀
即完成。

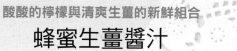

溫和甜口的煉乳&香醇抹茶的日式滋味
抹茶煉乳醬汁

材料 ●（完成後約50ml）
抹茶粉…1/2大匙
煉乳（含糖，參閱P.26）…50g

作法 ●
將抹茶粉倒入碗中，煉乳分次倒入
後攪拌至光滑狀即完成。

裝飾大變身！

不拘泥於形狀，使用各式無底圈模印壓出不同造型。
就算只是簡單的放入杯中冷卻凝固，也會帶來全新的新鮮感受。
可以在客人來訪時試作看看！

以圈模營造可愛的小蛋糕風

單單是用模具印壓生起司蛋糕，放在餅乾上就已經超卡哇伊了。如果要印壓，增加吉利丁份量是一個重點。

作法 ●

在基本款的生起司蛋糕增加至6g的吉利丁份量，模具底部不要鋪上餅乾（參閱P.14至P.16）。接著隨喜好用無底圈模壓出小蛋糕。如果有材料，可加上薄荷及餅乾增加裝飾。

memo

隨喜好選擇圈模的造型。若手邊無適當的圈模，也可以杯子或蔬菜的壓模代替。

point

先蓋上保鮮膜再印壓，或是模具先以熱水溫熱且不去水分直接按壓。兩種方式都不易沾黏上蛋糕。

手指沾濕，將蛋糕壓出模具，放在餅乾上。

善用印壓後的剩餘碎蛋糕
美味食譜

將印壓後的碎蛋糕鋪在鮮奶油上，再裝飾草莓或薄荷，就成了一道賞心悅目的甜點。

裝在玻璃杯中的高級餐廳點心風

將基本款生起司蛋糕糊倒入喜歡的玻璃杯或空罐中，
再冷卻凝固，時尚甜點立即輕鬆端上桌！

memo

作法 ●
使用基本款生起司蛋糕材料製作麵糊
（參閱P.14至P.16）。先在容器中倒入
適量的餅乾（這裡示範的是巧克力餅
乾），再倒入麵糊，冷藏凝固後即完
成。也可再撒上些可可粉作為點綴。

巧克力碎片餅乾
添加掺了碎巧克力碎片的可可風
味餅乾，營造柔軟、濕潤的獨特
口感。餅乾剝得大塊些，吃來起
來更彈牙、美味。

茶巾絞（日式和菓子）造型點心

作法 ●
以基本款生起司蛋糕材料製作麵糊（參閱
P.14至P.16），再參考point的說明後，放
入冰箱冷藏凝固，再隨喜好點綴上餅乾或
藍莓等。

先以保鮮膜包起，變身成日式點心茶巾絞，再以餅乾
裝飾，變身成可愛的兔兔起司蛋糕。份量少一點凝固
得快，又能立刻食用，真令人開心！

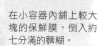
point

在小容器內鋪上較大
塊的保鮮膜，倒入約
七分滿的麵糊。

以保鮮膜包住麵糊後
束口，再以橡皮筋捆
起來。為防止變形，
直接置於容器中再放
入冰箱冷藏凝固。

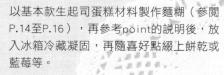

以基本款生起司蛋糕材料為基底
添加喜愛的素材，享受多變的樂趣

僅是加入水果或果醬，就讓外觀及口味呈現新鮮感。
因為特別加了食材，份量會有一些改變，請確實詳讀後再動手製作喔！

拿掉基本材料
中的優格，另
加入芒果。

芒果生起司蛋糕

漂亮的金黃芒果色，賞心悅目！
吃得新鮮芒果般的濃郁口味。

mango ice boxed cheese cake

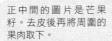
point

為避開中間約1cm厚的
扁平籽，從兩側橫切後
去皮。

正中間的圖片是芒果
籽。去皮後再將周圍的
果肉取下。

富含纖維，放入食物調
理機中攪打成泥狀，也
可以刀子剁碎。

準備工作 ●

1 奶油乳酪作法參閱P.14的準備工作1至5。

2 芒果去籽及皮，取250g搗成泥狀（參閱point），
再拌入檸檬汁。剩下的芒果切小丁。

作法 ●（細節參閱 P.15至 P.17）

1 將奶油乳酪放入碗中，以打蛋器拌至光滑狀。接著
依序倒入白砂糖、芒果泥及鮮奶油，拌勻，再隔水
加熱至呈現光澤感。

2 將白酒及吉利丁放入小碗後隔水加熱使其溶化，再
倒進步驟1中混合。接著倒入模具中冷卻凝固。

3 從模具中取出，裝點上新鮮芒果，也可再放上香草
（這裡用的是香蜂草）。

材料 ●（14×11cm的方形模1個）

奶油乳酪…200g

芒果…2小顆

檸檬汁…2小匙至1大匙

白砂糖…50g

鮮奶油…100ml

吉利丁片…7.5g

＊依芒果的份量增加吉利丁用量

白酒（最好選用杏仁甜酒，也可
以水代替）…2大匙

喜歡的方形餅乾…約4片

plus one

變化款 3 variation

拿掉基本材料
中的優格，另
加入香蕉。

香蕉生起司蛋糕

咬上一口，香蕉的溫順甜味立即在口中化開。
和濃醇的滑膩乳酪形成絕佳搭配。

材料 ●（14×11cm的方形模1個）
奶油乳酪…200g
香蕉…2小根
檸檬汁…2小匙至1大匙
白砂糖…50g
鮮奶油…100ml
吉利丁片…6g
＊隨香蕉的份量增加吉利丁用量

白酒（最好選用杏仁甜酒，以水替代也可）…1大匙
喜歡的方形餅乾…約4片

準備工作 ●

1 作法同P.14的準備工作步驟1至5。

2 香蕉剝去皮後取250g，切成適當大小放入耐熱容器
中，倒入檸檬汁以叉子搗碎，不覆蓋保鮮膜直接再
以微波爐加熱3分鐘，拌勻。

作法 ●（細節參閱P.15至P.17）

1 將奶油乳酪放入鋼盆中，以打蛋器拌至光滑狀。再
依序倒入白砂糖、香蕉泥及鮮奶油後拌勻，再隔水
加熱至呈現光澤感。

2 將白酒及吉利丁放入小碗後隔水加熱使其溶化，
再倒進步驟1的材料中混合，再倒入模具中冷卻凝
固。

3 從模具中取出，切成喜歡的大小，隨喜好淋上以
100ml的鮮奶油及1大匙砂糖、以打蛋器打成的濃
稠奶油後，或淋上巧克力醬。

banana ice boxed cheese cake

point

為防止香蕉變色，可加
入檸檬汁，攪拌至黏稠
狀再置入微波爐加熱。

在基本材料中加入抹茶及甘納豆。

抹茶及甘納豆生起司蛋糕

又是抹茶，又是甘納豆，無非是想營造出道地日式風味。
稍帶甘苦味的抹茶，搭配溫和的奶油乳酪，
味道契合到令人驚艷！

green tea & sugar-glazed azuki beans
ice boxed cheese cake

材料 ●（14×11cm方形模1個）

奶油乳酪…200g
白砂糖…50g
優格…100g
檸檬汁…2小匙至1大匙
鮮奶油…100ml
吉利丁片…4.5g
白酒（或水）…1大匙
蜂蜜蛋糕…適量
抹茶粉…2大匙
甘納豆…50g至60g

準備工作 ●

1 作法同P.14的準備工作步驟1至5（但步驟2中不放餅乾）。

2 蜂蜜蛋糕切成5mm寬，鋪在模具底部。

3 以2大匙的熱水泡開抹茶粉。

4 以水沖去甘納豆表面的砂糖，去除水氣後，灑在蜂蜜蛋糕上。

作法 ●（細節參閱P.15至P.17）

1 將奶油乳酪放入鋼盆中，以打蛋器拌至光滑狀。接著依序倒入白砂糖、抹茶、優格、檸檬汁及鮮奶油後混合，隔水加熱，拌至呈現光澤感。

2 將白酒及吉利丁放入小碗後隔水加熱使其溶化，再倒進步驟1材料中充分混合，最後倒入模具中冷卻凝固。

3 從模具中取出，切成喜歡的大小即可。

point

抹茶粉不易用水拌開，改以熱水沖泡，再充分拌至光滑狀。

plus one

在基本材料中
加入藍莓醬

藍莓生起司蛋糕

夾帶著藍莓的酸甜，
散發水果風味的蛋糕。

作法 ●（細節參閱P.15至P.17）

1 將奶油乳酪放入鋼盆中，用打蛋器攪拌至光滑狀。接著依序倒入白砂糖、優格、檸檬汁、藍莓醬及鮮奶油後隔水加熱拌至呈現光澤感。

2 將白酒及吉利丁片放入小碗後隔水加熱使其溶化，再倒進步驟1材料中充分混合，最後倒入模具中冷步驟材料固。

3 從模具中取出，切成喜歡的大小。再隨喜好鋪上加少許砂糖打發的鮮奶油及藍莓醬。

材料 ●（14×11cm方形模1個）

奶油乳酪…200g
藍莓醬…80g
白砂糖…50g
原味優格…100g
檸檬汁…2小匙至1大匙
鮮奶油…100ml
吉利丁…6g
＊依果醬的份量增加吉利丁用量
白酒（建議使用黑醋栗香甜酒，用水代替也可）…1大匙
喜歡的方形餅乾…約4片

準備工作 ●
作法同P.14的準備工作步驟1至5。

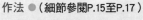

巧克力生起司蛋糕

巧克力碎片的粒狀口感，真新奇！
好吃到令人一口接一口吃不停！

準備工作 ●

1 作法同P.14的準備工作步驟1至5。

2 巧克力用刀子切碎。

作法 ●（細節參閱P.15至P.17）

1 將奶油乳酪倒入鋼盆中，用打蛋器拌至光滑狀，依序倒入白砂糖、優格、檸檬汁及鮮奶油，一邊隔水加熱一邊拌至呈現光澤感。

2 將白酒及吉利丁片放入小碗後隔水加熱使其溶化，再倒進步驟1中充分混合，最後倒入模具中冷卻凝固。

3 從模具中取出，切成喜歡的大小。

材料 ●（14×11cm的方形模1個）

奶油乳酪…200g
喜歡的巧克力片…1片（70g）
＊儘可能使用黑巧克力，香氣較佳。
白砂糖…50g
原味優格…100g
檸檬汁…2小匙至1大匙
鮮奶油…100ml
吉利丁片…4.5g
白酒（建議選用巧克力甜酒，以水替代也可）…1大匙
喜歡的方形餅乾…約4片

在基本材料中
加入巧克力碎片

chocolate ice boxed cheese cake

point

建議在砧板墊上厚紙板再切，既不會弄髒砧板，也方便倒入碗中。巧克力有硬度，可用力按著刀子切。

享受加分
8款生起司蛋糕

稍微改變一下基本材料，創造濃郁口味，
而倒入打發蛋白的鬆軟口感，又是另一番特殊滋味。
映入眼前的鮮紅透明凍蛋糕，還沒吃上一口就已興奮到不行！

草莓凍的作法

草莓放入鍋中，撒上砂糖直至出汁，接著倒入檸檬汁及1/4杯水，一邊以中火加熱一邊用橡皮刮刀攪拌。煮好後轉弱火，煮約1分鐘至砂糖溶化即熄火，加白酒拌勻。

作法8的吉利丁片擰去水分後一片片加進來。

鍋子下方墊冰水降溫，以橡皮刮刀拌至糊狀。

以湯匙將草莓的紅色面上翻，使汁液往下流。表面的泡泡用湯匙戳破，整理一下排列形狀。

作法 ●（細節參閱P.15至P.16）

1 製作麵糊。將奶油乳酪放入鋼盆中，以打蛋器充分拌至光滑狀。

2 一次倒入所有的煉乳入步驟1材料中，再拌至光滑狀。

3 進行隔水加熱，並以打蛋器攪拌。如果碗底的麵糊太稀，移開熱水，攪拌均勻。

4 在麵糊呈流動狀之前，邊檢視實際狀況邊反覆隔水加熱約兩次，以呈現光滑狀。

5 將白酒或水倒入小碗內，一片片放入擰去水分的吉利丁片，隔水加熱溶化。

6 將溶解後的吉利丁繞圈方式倒入步驟4材料中，從底部舀起麵糊充分拌勻。

7 倒入模具中，抹平表面後蓋上保鮮膜，放入冰箱冷藏15分鐘。

8 草莓凍使用的吉利丁以水泡發，參照「草莓凍作法」製作草莓凍。

9 從冰箱取出7，鋪上草莓凍，放入冰箱2小時以上，冷藏凝固。

10 以熱毛巾包住模具四周，取出蛋糕（參閱P.27的脫膜方式）。

材料 ●（直徑15cm的可脫底圓模1個）

＜麵糊＞
奶油乳酪…200g
加糖煉乳…140g
吉利丁片…3g
白酒（或水）…1大匙
喜歡的餅乾…約40g
奶油（無鹽）…20g

＜草莓凍＞
草莓…150g
白砂糖…50g
檸檬汁…1大匙
白酒（建議黑醋栗香甜酒，以水替代也可）…1大匙
吉利丁片…3g

準備工作 ●（細節參閱P.14）

1 草莓去蒂切半，撒上白砂糖靜置30分鐘。

2 秤好所有材料的份量。

3 在模具底部鋪上烘焙紙。

4 奶油放入耐熱容器，以微波爐加熱約30秒予以溶化，再拌入碎餅乾，接著鋪在模具的底部，放入冰箱冷藏（參閱P.17餅乾底的作法）。

5 將麵糊用的吉利丁以水泡開。

6 將奶油乳酪切成8至10等分後用保鮮膜蓋住，放進微波爐加熱約40秒，再以手隔著保鮮膜搓揉。

7 水倒入小鍋中燒熱，作為隔水加熱用（參閱P.10）。

memo

加糖煉乳
牛奶加蔗糖濃縮而成。特徵是黏稠、香味特殊及口感滑順。

應用篇

草莓凍生起司蛋糕
strawberry jelly ice boxed cheese cake

在又圓又甜、加了煉乳的蛋糕上，
鋪上滿滿的酸甜鮮紅草莓。
可愛到不行的裝飾，
挑動少女心，彷彿快被溶化了。

脫模方式

2
以擰乾的熱毛巾將
模具圍成一圈，等
蛋糕鬆開再慢慢將
模底拿掉，由側面
剝離蛋糕。

1
毛巾放入熱水中，為防
燙傷，以筷子撈起後再
擰乾水。

卡士達風生起司蛋糕

custard flavor ice boxed cheese cake

加入牛奶及蛋黃的卡士達濃醇口味。
濃厚、滑順，搭配香香脆脆的上層裝飾，形成絕妙組合。

倒入沸騰的牛奶於蛋黃中，用打蛋器拌至變白且稍呈糊狀。蛋黃因加熱過，不會有蛋腥味。最後呈現卡士達風味，增加濃郁度。

要將奶油乳酪與液狀食材混合，因濃度不一，建議不要一次全部倒入，分次倒比較容易拌和。

準備工作 ●（細節參閱P.14）

1 作秤好所有材料的份量。接著將牛奶倒入耐熱容器中。

2 在模具底部鋪上烘焙紙。

3 以水泡發開吉利丁片。

4 將奶油乳酪切成8至10等分後用保鮮膜蓋住，放進微波爐加熱約40秒，再用手隔著保鮮膜搓揉。

5 水倒入小鍋中燒熱，以備隔水加熱用（參閱P.10）。

作法 ●（細節參閱P.15至P.16）

1 將奶油乳酪放入鋼盆中，以打蛋器充分拌至光滑狀。

2 倒入檸檬汁，再拌至呈光滑狀。

3 將蛋黃倒入另一小碗中，徐徐加入白砂糖，以打蛋器拌均勻。

4 牛奶以微波爐加熱約1分鐘至滾沸。接著一口氣倒入步驟3中，以打蛋器使勁攪打。

5 再徐徐倒入步驟2中，拌至光滑狀。

6 拌勻後加入鮮奶油充分混合。

7 將白酒倒入小碗內，一片片加入擰去水分的吉利丁片，再隔水加熱至完全溶化。

8 將溶解後的吉利丁繞圈倒入步驟6中，以從底部舀起麵糊的方式翻拌。

9 將麵糊倒入模具中，抹平表面後蓋上保鮮膜，放入冰箱冷藏2小時。

10 參閱P.29製作焦糖脆片的作法。

11 將步驟9的成品連同模具浸到溫熱水，快速熱過後拿起，蓋上盤子將模具倒扣，上下晃動後倒出蛋糕，再裝飾薄荷葉。

材料 ●（直徑15cm的固定底圓模1個份）

奶油乳酪…200g
檸檬汁…2小匙
蛋黃…1個份
白砂糖…50g
牛奶…50ml
鮮奶油…150ml
吉利丁片…4.5g
白酒（建議選用杏仁甜酒，以水替代也可）…1大匙
＜焦糖脆片＞
玄米脆片…30g
白砂糖…30g
奶油（無鹽）…5g

memo

玄米脆片

玉米片容易碎裂，建議改用有厚度的玄米脆片或麥麩系列，或是使用玉米片也可以。

焦糖脆片的作法

2
以木杓將糖汁沾附
於玄米片上，小心
別弄碎脆片。接著
加入奶油，溶化後
脆片呈現光澤後，
盛至大碗中備用。

1
將白砂糖倒入煎鍋中，
邊用中火加熱邊晃動鍋
子，以防燒焦。一出現
茶色，就倒入玄米脆
片。

材料 ●（約70ml的容器1個份）

馬斯卡邦乳酪（參閱P.4）…150g
鮮奶油…50ml

A ┌ 蛋黃…1個份
　├ 白砂糖…30g
　└ 白酒…1大匙

B ┌ 蛋白…1個份
　└ 白砂糖…10g

吉利丁片…1.5g
手指餅乾…約10條
可可粉…適量

＜咖啡醬汁＞
即溶咖啡…3大匙
砂糖…2大匙
熱水…2.5大匙
咖啡酒Kahlua（參閱P.47）…1/2大匙

準備工作 ●（細節參閱P.14至P.16）

1 秤好所有材料的份量，將牛奶倒入耐熱容器中。

2 用水泡發吉利丁片。

3 將手指餅乾鋪在容器底部。

4 水倒入小鍋中燒熱，以備隔水加熱用（參閱P.10）。

作法 ●（參閱P.15至P.16）

1 將咖啡醬汁的材料倒入容器內，攪拌至砂糖溶化後，淋在手指餅乾上。

2 將馬斯卡邦起司放入碗內，用湯匙搓軟。

3 將A的蛋黃倒入大碗，以打蛋器打散，加入砂糖擦拌。接著倒入白酒混合，隔水加熱至變白且稍呈糊狀為止。然後將擰去水分的吉利丁片倒入，拌至溶化。

4 將碗自熱水移開，將馬斯卡邦乳酪分2至3次倒入，拌至光滑狀，再倒入鮮奶油充分混合。

5 將B的蛋白及白砂糖倒入另一個碗，以電動打動器打發，製作蛋白霜（參閱point），再分2至3次倒入步驟4中，用打蛋器從碗底翻拌。

6 將步驟5材料倒入步驟1的上面，抹平表面，蓋上保鮮膜放入冰箱冷藏凝固。要吃時再用茶濾網灑上足量的可可粉。

提拉米蘇

tiramisu

順口又濃醇的乳酪奶油和稍帶苦味的
可可及咖啡是絕配，吃再多次也不膩。
是一道會想送人品嘗的自豪配方。

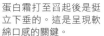
point

以湯匙淋上滿滿的咖啡醬汁，使餅乾濕潤軟化。

蛋白霜打至舀起後是挺立下垂的。這是呈現軟綿口感的關鍵。

memo

手指餅乾
細長、鬆脆的口感。因為多氣孔，醬汁容易滲入。可在進口糕餅店或超市買到。

可可粉
將巧克力中的可可脂抽離後再磨成粉。製作糕點時請務必使用不加糖的可可。

藍黴乳酪 & 紅酒生起司蛋糕

blue cheese & wine ice boxed cheese cake

藍黴乳酪的獨特香氣為奶油乳酪注入重點，
成為與紅酒很搭的成熟風味點心。
請淋上又香又酸甜的醬汁一起食用。

材料 ●（約100ml大的陶瓷烤皿6個份）
奶油乳酪…100g
藍黴乳酪（參閱P.5）…50g
蜂蜜…40g
檸檬汁…1/2大匙
鮮奶油…100ml
白酒…2大匙
吉利丁片…3g
＜乾莓醬汁＞
綜合乾莓…30g
白酒…3大匙
白砂糖…1大匙

準備工作 ●（細節參閱P.14）

1 作秤好所有材料的份量。

2 以水泡發吉利丁片。

3 將奶油乳酪切成4至6等分後以保鮮膜蓋
住，放進微皮爐加熱約30秒，再隔著保鮮
膜用水搓揉。藍黴乳酪作法相同，放入微皮
爐加熱約30秒。

4 水倒入小鍋煮沸，以備隔水加熱用（參閱
P.10）。

作法 ●（細節參閱P.15至P.16）

1 將藍黴乳酪放入鋼盆內，以打蛋器攪打至鬆
軟後，加入蜂蜜及檸檬汁拌至光滑狀。

2 均勻混合後倒入鮮奶油充分攪拌。

3 將白酒倒入另一個碗中，再加入擰去水分的
吉利丁片，隔水加熱至完全溶化。

4 將步驟3繞圈倒入步驟2材料中，自碗底充
分翻拌。

5 將麵糊倒入烤皿中，抹平表面後放入冰箱
冷藏凝固2小時以上。

6 製作乾莓醬汁（參閱point），再淋在步驟5
上面。

將醬汁的材料全部倒進
耐熱容器中輕拌，蓋上
保鮮膜用微波爐加熱1
分鐘，等溫度下降後放
進冰箱冷藏，食用前取
出。

藍黴乳酪連皮一起使
用，以打蛋器拌軟。

綜合乾莓
混合了鮮紅帶酸的蔓越莓、甘甜
的粒狀藍莓粒，以及木莓的同伴
黑莓。如果手邊沒有這些乾莓，
可改用個人喜歡的乾莓類。

白巧克力慕斯起司蛋糕

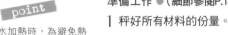
white chocolate mousse cheese cake

加了蛋白霜的慕絲類蛋糕，口感綿密，
可充分感受白巧克力的甜。
清爽淡雅的橙味醬汁，帶出另一份濃郁，是一款有如夢幻般的蛋糕！

point

隔水加熱時，為避免熱水不小心濺入巧克力中，底下盛裝熱水的鍋子大小最好卡住上層的碗底。

分兩次倒入蛋白霜。注意不要弄破氣泡，以橡皮刮刀擦拌至光滑狀。

準備工作 ●（細節參閱P.14）

1 秤好所有材料的份量。

2 以菜刀將巧克力切碎（參閱P.25）。

3 在烤模底部鋪上烘焙紙。

4 將奶油放入耐熱容器中，以微波爐加熱約30秒加以溶化，接著倒入碎餅乾混合後，鋪在步驟3上面。

5 吉利丁片以水泡發。

6 將奶油乳酪切6至8等分後以保鮮膜蓋住，放進微波爐加熱約30秒，再隔著保鮮膜用手搓揉。

7 水倒入小鍋煮沸，以備隔水加熱用（參閱P.10）。

作法 ●（細節參閱P.15至P.16）

1 將切碎的巧克力放進碗中，一邊隔水加熱，一邊以橡皮刮刀拌至溶化。

2 完全溶化後自熱水移開，加入奶油乳酪，以打蛋器拌至光滑狀。

3 依序倒入蛋黃及檸檬汁，再拌至光滑。

4 橙酒倒入容器中，再將擰去水分的吉利丁片一片片放入，隔水加熱使其溶化。

5 將步驟4材料以繞圈方式倒入步驟3中，記得自碗底充分翻拌。

6 將鮮奶油倒入碗中，以打蛋器拌至糊狀後加入步驟5材料，再拌至光滑狀。

7 蛋白及白砂糖倒入另一個鋼盆內，以電動打蛋器打發，製作蛋白霜（參閱P.63），再分兩次倒入步驟6材料中，以橡皮刮刀攪拌。

8 將步驟7倒入圓模中，抹平表面後放入冰箱冷藏凝固2小時以上。

9 將橘子醬汁的所有材料倒入乾淨的碗中，混勻後放入冰箱冷藏。

10 以熱毛巾圍住圓模四周約5至10秒，再脫去模底，取出蛋糕（參閱P.27的脫模方式），盛於盤上，淋上醬汁。

材料 ●（直徑15cm的可脫底圓模1個份）

白巧克力…100g
奶油乳酪…150g
蛋黃…1個份
檸檬汁…2大匙
鮮奶油…100ml
蛋白…2個份
白砂糖…20g
吉利丁片…3g
橙酒（或水）…1大匙
喜歡的餅乾…40g
奶油（無鹽）…20g

＜橘子醬汁＞
橘子醬…50g
檸檬汁…1大匙
橙酒…1大匙
水…1 大匙

＊橙酒帶有橘子風味，可以蘭姆酒或白酒代替。

memo

白色巧克力

不含可可脂，由可可奶油、砂糖及粉乳製成。若沒有作糕點用的白色巧克力，也可以市售的巧克力片取代。

香草風味起司蛋糕

cr me br l e cheese cake

在洋溢香草香甜的卡士達醬麵糊中，再摻入奶油乳酪，使得味道格外濃郁。
因為不使用吉利丁，舌尖上糊糊的觸感有著另一番魅力。
如果再點綴上焦色，就是一道焦糖烤布丁了。

香草豆縱切，以刀背挑
出豆仁。

鍋邊容易焦掉，要不停
的攪動。若受熱不完
全，會出現顆粒狀。

放入冰箱冷藏時，先蓋
上保鮮膜，以隔絕空
氣，防止乾燥。

準備工作 ●（細節參閱P.14）

1 秤好所有材料的份量。

2 將奶油乳酪分成6至8等份後以保鮮膜
　覆蓋住，進微皮爐加熱約30秒，再以
　手隔著保鮮膜上搓揉。

作法 ●

1 將牛奶、香草豆的豆筴及豆仁放入耐熱
　容器中，以微波爐加熱約40秒。

2 將蛋黃倒入碗中打散，加入砂糖拌至光
　滑狀。

3 先將太白粉倒入步驟2中混合，再將步
　驟1的牛奶倒入拌勻。

4 以濾網將步驟3拌勻的牛奶過篩至鍋
　中，以弱火加熱，並不斷以橡皮刮刀攪
　拌。

5 待出現光澤，呈糊狀後離火，倒入鮮奶
　油及奶油乳酪，混合至光滑狀。

6 倒入烤皿中，抹平表面後蓋上保鮮膜，
　放入冰箱冷藏。

7 完全冷卻後，於表面撒上糖粉，以瓦斯
　爐將刀子燒熱後貼靠在糖粉上，或是烤
　魚的網架燙上焦色，再放入冰箱冷藏15
　分鐘即可食用。

材料 ●（約100ml的陶瓷烤皿4個份）

奶油乳酪…150g
香草豆…5cm的量
牛奶…200ml
蛋黃…2顆份
砂糖…50g
太白粉…15g
鮮奶油…50ml
糖粉…適量

香草豆
由香草的果實發酵而成的天然香
料。散發出一股特殊的香甜味
道。可至專門烘培材料店購買，
或者用香草精代替。

柚子起司慕斯
yuzu mousse cheese cake

滑順的奶油乳酪，瞬間吸飽柚子的味道。
溫和的酸味配上輕爽的香氣，每吃上一口都能獲得療癒。

作法 ●（細節參閱P.15至16）

1 將奶油乳酪倒入鍋中，以打蛋器充分拌至光滑狀。

2 依序加入白砂糖、柚子汁及柚子碎皮後混合拌勻。

3 白酒倒入小碗中，再加擰去水分的吉利丁片，隔水加熱使其溶化。

4 將步驟3的液料繞圈倒入步驟2中，自鍋底充分翻拌。

5 將A倒入碗中，以打蛋器打發至呈糊狀，接著倒入步驟4材料中，以橡皮刮刀拌至鬆軟。

6 倒入器皿中，放入冰箱冷藏凝固，再隨喜好撒上柚子皮絲。

材料 ●（約4個份）

奶油乳酪…200g
柚子…2個
白砂糖…30g
吉利丁片…3g
白酒（或水）…1大匙
A ┌鮮奶油…100ml
  └白砂糖…20g

準備工作 ●（細節參閱P.14）

1 秤好所有材料的份量。

2 吉利丁片以水泡發。

3 將奶油乳酪切成8至10等分後以保鮮膜蓋住，放進微波爐加熱約40秒，再隔著保鮮膜以手搓揉。

4 柚子1個，只取表面黃色皮的部分磨成碎屑，並準備2至3大匙的柚子汁。另將柚子皮（黃色部分）切細絲，作為裝飾用。

5 將水倒入稍加煮沸，以備隔水加熱用（參閱P.10）。

柚子
雖然長年都有生產，但盛產期在12月，也可以檸檬代替。

打發至舀起鮮奶油後不會滴下的程度。一旦開始呈糊狀，一口氣的打發，請注意不要產生分離現象。

memo

豆奶
大豆浸水泡軟，水煮後去除豆渣的加工品。請選用不加糖、未加工成分的產品。

point

配合模具形狀鋪上餅乾。由於是口味清爽的起司蛋糕，建議餅乾也儘量選用奶油口味沒那麼重的。

豆奶加熱過度，容易產生分離現象，請隔水慢慢加熱。

作法 ●（細節參閱P.15至17）

1 將鄉村起司、蜂蜜、豆奶及蛋黃倒入鍋盆中，隔水加熱，並用橡皮刮刀拌至約同體溫的熱度，再倒入檸檬汁混合。

2 白酒倒入小碗中，再加入擰去水分的吉利丁片，隔水加熱使其溶化。

3 將步驟2的液料以繞圈的方式倒入步驟1中，自碗底充分翻拌。

4 倒入模具中，抹平表面後，放入冰箱冷藏2小時以上加以凝固。

5 以熱毛巾圍住模具外圍5至10秒，再將模底脫去，取出蛋糕（參閱P.27的脫模方式），最後可點綴上藍莓及薄荷葉。

材料 ●（直徑15cm的可脫底圓模1個份）

鄉村乳酪（參閱P.4）…200g
豆奶…150ml
蜂蜜…70g
蛋黃…1個份
檸檬汁…2大匙
吉利丁片…4.5g
白酒（或水）…1大匙
喜歡的餅乾…適量

準備工作 ●（細節參閱P.14）

1 秤好所有材料的份量。

2 吉利丁片以水泡發。

3 在烤模底部鋪上烘焙紙，再放上餅乾。

4 水倒入鍋中稍加煮沸，以備隔水加熱用（參閱P.10）。

鄉村乳酪&豆奶蜂蜜生起司蛋糕

cottage cheese & soymilk & honey ice boxed cheese cake

熱量低於奶油乳酪的鄉村乳酪搭配健康的豆奶，
是個受女性歡迎的組合。
爽口之餘還能品嘗到大豆的甘甜，同樣受到男性朋友的好評！

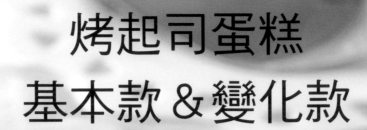

烤起司蛋糕
基本款＆變化款

濃醇的乳酪風味完全滲入濕潤、

滑順麵糊中的烤起司蛋糕。

雖然香氣深奧，作法卻十分簡單，

只要將材料倒入一只碗中攪拌混合再烘烤即成。

烤時傳出的陣陣香味，

令人倍感幸福！

請先熟悉基本款後，

再挑戰變化款，會越作越有成就感喔！

P.60　　　P.58　　　P.56　　　P.55　　　P.54　　　P.52　　　P.50

基本款烤起司蛋糕

baked cheese cake

依序將材料倒入一只碗中,混合攪拌、倒入模具。
放進烤箱,即可搞定,完全零失敗喔!
完成後放進冰箱充分冷卻,就能儘情享用。

右側直排標題:
熟悉基本款作法後,加入喜愛的材料,就能創造出個人專屬變化款!

材料 ●(直徑15cm的圓模1個份)

奶油乳酪…200g
鮮奶油…100ml
砂糖…70g
檸檬碎皮(以國產為佳)…1/2個份
檸檬汁…1大匙
蛋…1個
低筋麵粉…2大匙(16g)
太白粉…1大匙(9g)
喜歡的餅乾…40g
奶油(無鹽)…20g

●準備工作

5 準備檸檬

只取檸檬表皮黃色部分磨碎。另準備所需的檸檬汁。

point

白色部分會苦,磨時要避開。若無國產檸檬,就不加入檸檬碎皮。

6 烤箱預熱至170℃。

3 在模具鋪上餅乾

將餅乾放入耐熱容器中,以微波爐(600W)加熱約30秒,再將餅乾壓碎後鋪在模具底部。趁著製作蛋糕體麵糊的期間,放入冰箱冷藏(參閱P.17)。

4 軟化奶油乳酪

將奶油乳酪等切成8至10等分後覆蓋保鮮膜,放進微波爐(600W)加熱約40秒。以手指按壓,有留下指痕就表示已軟化。而為了方便接下來的攪拌,可先隔著保鮮膜以雙手搓揉(參閱P.14)。

1 秤好所有材料的份量
2 備妥模具

★可脫底圓模

塗上薄薄一層人造奶油(份量外),並灑上低筋麵粉(本書是使用可脫底的款式)。

★固定底圓模

塗上薄薄一層人造奶油(份量外),再配合模具底部大小裁剪烘培紙後鋪上。同時在模具內側也貼上一圈剪成比模具高1cm的條狀烘培紙,再倒入麵糊。

40

1
抹刀由模具側面插入，
將蛋糕剝離模具。

point

為防蛋糕變形，請等到
完全冷卻後再脫模。

check!

在倒入模具之前，請以
橡皮刮刀將碗邊的麵糊
往中間撥。

1
將奶油乳酪倒入鋼盆
內，以打蛋器充分拌至
光滑狀，再倒入砂糖混
合。

2
按壓模具底，連底一併
取出蛋糕。若是固定底
圓模，則連同烘焙紙一
併取出。

6
從冰箱取出已鋪餅的模
具，倒入麵糊，再用刮
刀刮淨碗面。

2
加入檸檬碎皮及檸檬汁
充分拌勻。

3
將抹刀插入底部，由模
具底移開蛋糕。

7
輕晃模具，使表面平
整，再放進預熱的烤箱
烘烤40至50分鐘。

point

當麵糊中間膨起，表示
火有穿透。若烤至中
途，表面已快焦掉，可
蓋上鋁薄紙，再烤至中
間鼓起為止。

3
蛋用筷子打散後，分兩
次倒入步驟2中，再用
打蛋器充分混合。

point

蛋類與乳酪濃度不一的
材料，建議分次加入會
比較好拌勻。

●切割方式

刀子沾熱水，稍留點水
氣垂直下刀，再慢慢拔
起。即刀子先溫熱後再
切。

8
移至網架冷卻，待降至
40℃、50℃後，用保
鮮膜包起以防乾燥，再
放入冰箱冷藏3小時以
上。

4
一次倒入全部的鮮奶
油，拌至光滑狀。

5
低筋麵粉及太白粉混合
過篩。

point

有讓麵糊產生濕潤感的
效果。請確實拌至無粉
粒為止。

改變**形狀**，不論看起來或吃起來都覺得新奇！

偶爾改用磅蛋糕模或菊花模來烘烤，
讓簡約的蛋糕呈現多變的造型。

磅蛋糕模（18×8×6.5cm）
烘烤出俏麗造型

連模具側面也鋪上餅乾底，再以磅蛋糕模烘
烤，整個氛圍都變得不一樣了！

作法

1. 利用基本款烤起司蛋糕材料製作麵糊（細節參
   閱P.40至41）。接著將麵糊倒入備妥的模具中
   （參閱point），再放進預熱至170℃的烤箱烘烤
   40至50分鐘。

2. 至網架冷卻，待降至40℃、50℃後，以保鮮膜
   包起來以防乾燥，再放入冰箱冷藏3小時以上，
   由兩端拿起烘焙紙，將蛋糕由模具中取出即
   可。

備妥模具

point

塗上薄薄一層人造奶
油，並撒上低筋麵粉，
為方便脫模。接著鋪上
長40cm、寬同底部的
烘焙紙，兩端各露出約
5cm。

鋪上餅乾底

1
取喜歡的餅乾80g，奶油以
微波爐加熱約1分鐘至溶化
後拌入，作成餅乾底（參閱
P.17餅乾底的作法）。

2
將模具的側面朝下放置，留
下距邊緣1cm的位置，其餘
均確實塗抹上餅乾底。另一
側的作法相同。

3
將剩餘的餅乾底平鋪在模具
底部，放入冰箱冷藏。
＊同樣的餅乾底份量，也足
夠用於抹在圓模的側面。

shape

以菊花模烘烤，
方便作為小禮物!

以馬德蕾妮用的菊花模來烘烤，可便於攜帶。
再包裝得俏麗可愛，當成禮物送人，覺得如何
呢？（參閱P.82）

作法 ●

1 利用基本的烤起司蛋糕材料製作麵糊（細節參
閱P.40至41）。準備六個直徑7cm的菊花膜，每
個都放入李子乾，然後等量倒入麵糊，再放進
預熱至170℃的烤箱，烘烤20分鐘。

2 移至網架網架，靜置冷卻。

point

由於烘烤後還會脹大，
麵糊只需倒入約八分
滿。

memo

李子乾
新鮮李子經日曬成乾，富含鐵
質。若浸泡在紅酒後再使用，別
具風味。

在基本款烤起司蛋糕材料
添加喜愛的素材，開創味蕾新世界！

基本款的麵糊十分簡單，隨著新加入的素材享受不同的風味。
其中因檸檬皮的香味很強烈，可斟酌新素材而予以省略。

  拿掉基本材料
中的檸檬皮，
加入黑芝麻

黑芝麻烤起司蛋糕

看來黑漆漆，誰知吃上一口，
香醇濃郁的芝麻風味，
讓人忍不住露出滿足的微笑。

black sesame baked cheese cake

材料 ●（直徑15cm的圓模1個份）
奶油乳酪…200g
砂糖…70g
蛋…1個
鮮奶油…100ml
磨碎黑芝麻…25g至30g
低筋麵粉…2大匙（16g）
太白粉…1大匙（9g）
喜歡的餅乾…40g
奶油（無鹽）…20g

準備工作 ●
作同P.40的準備工作步驟1至6。

作法（參閱P.41）

1 將奶油乳酪倒入碗中，以打蛋器充分混合。

2 呈光滑狀後，依序加入砂糖、檸檬汁、蛋液、鮮奶油及磨碎黑芝麻，再混合拌勻。

3 低筋麵粉與太白粉混合以濾網過篩至步驟2的碗中，充分拌至無粉粒。

4 將步驟3倒入模具中，再輕晃使表面平整後，放進預熱至170℃的烤箱烘烤40至50分鐘。

5 移至網架放涼，降至40℃、50℃後，覆蓋保鮮膜，放入冰箱冷藏3小時以上，再從模具中取出即可。

酪梨烤起司蛋糕

好漂亮的綠色，
且散發淡淡酪梨風味的起司蛋糕。

變化款 **2** variation

在基本的材料
中加入酪梨

avocado baked cheese cake

材料 ●（直徑15cm的圓模1個份）

奶油乳酪…200g

砂糖…70g

蛋…1個

鮮奶油…100ml

檸檬皮屑（國產）…1/2個份

檸檬汁…1大匙

酪梨…淨重100g

低筋麵粉…2大匙（16g）

太白粉…1大匙（9g）

喜歡的餅乾…40g

奶油（無鹽）…20g

準備工作

1 同P.40的準備工作步驟1至6。

2 酪梨去籽削皮（參閱point），取100g，以叉子搗碎，加檸檬汁與檸檬碎皮混合。

作法 ●（細節參閱P.41）

1 將奶油乳酪倒入碗中，以打蛋器充分拌至光滑狀。再依序加入砂糖、酪梨泥、蛋液及鮮奶油，再充分拌勻。

2 低筋麵粉與太白粉混合以濾網過篩至步驟1中，充分拌至無粉粒為止。

3 將步驟2的粉料倒入模具中，再輕晃使表面平整，接著放進預熱至170℃的烤箱烘烤40至50分鐘。

4 移至網架放涼，降至40℃、50℃後，覆蓋保鮮膜，放入冰箱冷藏3小時以上，再從模具中取出即可。

point

刀子沿籽縱劃一刀，再擰成兩半，再對切，刀刃刺入種籽，扭動般去掉種籽，再以手剝去皮。

plus one

拿掉基本材料中的檸檬皮，加入南瓜。

南瓜烤起司蛋糕

滿口都是南瓜溫和的甜味，
令人完全無法抗拒的的南瓜點心。

pumpkin baked cheese cake

材料 ●（直徑15cm的圓模1個份）
奶油乳酪…200g
砂糖…50至70g
蛋…1個
鮮奶油…100ml
檸檬汁…1大匙
低筋麵粉…2大匙（16g）
太白粉…1大匙（9g）
南瓜…淨重150g
葡萄乾…2大匙
喜歡的餅乾…40g
奶油（無鹽）…20g

準備工作 ●

1 同P.40的準備工作步驟1至6。

2 南瓜去皮後切成2至3cm大的丁塊，覆蓋保鮮膜，放進微波爐加熱約2分鐘，先取出翻面後再加熱約1分30秒，再以叉子搗碎，加檸檬汁混合。

作法 ●（細節參閱P.41）

1 將奶油乳酪倒入碗中，以打蛋器充分拌至光滑狀。再依序加入砂糖、南瓜泥、蛋液及鮮奶油，充分混合均勻。

2 低筋麵粉與太白粉混合後以濾網過篩至步驟1中，充分拌至無粉粒。

3 在模具底部鋪上葡萄乾，再倒入步驟2的粉料中。輕晃模具使表面平整，接著放進預熱至170℃的烤箱烘烤約40至50分鐘。

4 移至網架放涼，降至40℃、50℃後，覆蓋保鮮膜，放入冰箱冷藏3小時以上，再從模具中取出。

5 隨喜好，將1小匙的砂糖倒入50ml的鮮奶油中（份量外），打成奶泡。也可裝飾上肉桂片。

point

以竹籤插入，可穿透就表示軟了，否則就再加熱一下。

plus one

拿掉基本材料中
的檸檬皮，
加入即溶咖啡。

烤摩卡起司蛋糕

溫順的起司蛋糕搭配帶苦味的咖啡，
契合程度令人驚艷。。

coffee baked cheese cake

材料 ●（直徑15cm的圓模1個份）

奶油乳酪…200g

砂糖…70g

蛋…1個

鮮奶油…100ml

低筋麵粉…2大匙（16g）

太白粉…1大匙（9g）

喜歡的餅乾…40g

奶油（無鹽）…20g

A ┌ 即溶咖啡…2.5大匙（5g）
  │ 熱水…1/2大匙
  └ 咖啡酒（或熱水）…2大匙

準備工作 ●

1 同P.40的準備工作步驟1至6。

2 混合A的所有的材料。

作法 ●（細節參閱P.41）

1 將奶油乳酪倒入碗中，用打蛋器充分拌至
光滑狀。再依序加入砂糖、A、蛋液及鮮奶
油，再充分混合均勻。

2 低筋麵粉與太白粉混合後以濾網過篩至步驟
1中，充分拌至無粉粒。

3 將步驟2的粉料倒入模具中，再輕晃使表面
平整。接著放進預熱至170℃的烤箱烘烤40
至50分鐘。

4 移至網架放涼，降至40℃、50℃後，覆蓋
保鮮膜，放入冰箱冷藏3小時以上，再從模
具中取出。

5 隨個人喜好，將1小匙的砂糖倒入50ml的
鮮奶油中，打成奶泡，也可再裝飾上咖啡
豆。

point

帶咖啡香味的咖啡酒
（KAHLUA），雖可增
添風味，沒有時也可用
水代替。咖啡若尚未溶
解，可再加1/2大匙的熱
水拌至完全溶化。

美味在口中擴散開來！
八款烤起司蛋糕

作法同基本款，就只是把材料混合而已。
但加入水果後，味道變得更濃厚、豐富，美味層層化開，怎麼也吃不膩喔！
每一道都是在家才能嘗到的原創食譜，趕快試試吧！

紐約風起司蛋糕

New York style baked cheese cake

奢侈的使用酸奶油及蛋黃，味道濃得幾乎化不開。
底部鋪上巧克力餅乾，呈現完全的美國風。

作法 ●（細節參閱P.41）

1 將奶油乳酪倒入鋼盆中，以打蛋器充分攪拌。

2 呈光滑狀後，加入砂糖攪拌。

3 砂糖拌至無顆粒後，倒入酸奶油，充分混合。

4 當材料溶合後，依序倒入蛋黃及蛋，拌至光滑狀。

5 低筋麵粉過篩至倒入，拌至無粉粒。

6 先倒檸檬汁再倒杏仁甜酒，充分混合。

7 倒入模具中，再輕晃使表面平整。

8 放進烤箱烘烤40至50分鐘。

9 移至網架放涼，降至40℃、50℃後，覆蓋保鮮膜，放入冰箱冷藏3小時以上，再從模具中取出即可。

材料 ●（直徑15cm的圓模1個份）

奶油乳酪…200g
白砂糖…60g
酸奶油…100g
蛋黃…1個份
蛋…1個
低筋麵粉…20g
檸檬汁…1大匙
隨喜好加杏仁甜酒（或蘭姆酒）…1大匙
巧克力餅乾…50g
奶油（無鹽）…15g

準備工作 ●（細節參閱P.40）

1 秤好所有材料的份量。將蛋打散。

2 在模具抹上薄薄一層人造奶油（份量外）。若是可脫底模再灑上少許低筋麵粉，固定底模則參閱P.40。

3 將奶油放入耐熱容器中，以微波爐加熱約30秒使其溶化，再與巧克力餅乾混合，鋪在模具底部，放入冰箱冷藏（參閱P.17）。

4 將奶油乳酪切成8至10等分後覆蓋保鮮膜，放進微波爐加熱約40秒，再隔著保鮮膜以手搓揉。

5 烤箱預熱至170℃。

point

在製作蛋糕時加入酸奶油可增加濃郁感。

memo

酸奶油
在鮮奶油加入乳酸菌發酵而成，清爽的酸味是其特色。也可直接添加在司康（英式鬆糕）上。

起司棒

stick baked cheese cake

直接以手抓著吃的粗獷款。
加入大量與蘭姆酒十分對味的乾果，呈現口感層次豐富。

準備工作 ●（細節參閱P.40）

1 秤好所有材料的份量。將蛋打散。

2 在模具塗抹一層人造奶油（份量外），再鋪上烘焙紙（參閱右下備妥模具的說明）。

3 將奶油放入耐熱容器中，以微波爐加熱約30秒加以溶化，再與碎餅乾及肉桂粉混合鋪在烤模底部，放入冰箱冷藏（參閱P.17）。

4 無花果乾切成4至6等分，和葡萄乾及蔓越莓乾一起放入耐熱容器中，灑上蘭姆酒，蓋上保鮮膜，以微波爐加熱約1分鐘，再略拌等待冷卻。

5 將奶油乳酪切割成8至10等分後覆蓋保鮮膜，放進微波爐加熱約40秒，再隔著保鮮膜搓揉。

6 烤箱預熱至170℃。

作法 ●（細節參閱P.41）

1 將奶油乳酪倒入鋼盆中，以打蛋器充分攪拌。

2 呈光滑狀後，依序加入砂糖、蛋黃、蛋及原味優格後，充分混合。

3 將太白粉過篩至步驟2中，充分拌至無粉粒。

4 倒入鮮奶油，充分混合。乾果連同汁液一起倒入，以橡皮刮刀攪拌混合。

5 倒入模具中，再輕晃使表面平整。

6 放進烤箱烘烤30至40分鐘。

7 移至網架放涼，降至40℃、50℃後，覆蓋保鮮膜，放入冰箱冷藏3小時以上，再從模具中取出，切成喜好的大小即可。

乾果連浸泡的汁液一起倒入，充分攪拌均勻。

memo

乾果

圖中由上自下分別是蔓越莓、乾草莓及綠葡萄乾。可以手邊的素材代替。比較的大的請切成4至6等分後再使用。

材料 ●（20cm的方模1個份）

奶油乳酪…200g
砂糖…70g
蛋黃…1個份
蛋…1個
原味優格…100g
太白粉…20g
鮮奶油…50ml
喜歡的乾果…100g至150g（本配方使用無花果乾60g、綠葡萄乾40g、蔓越莓乾30g）
蘭姆酒…1大匙
喜歡的餅乾…60g
隨喜好加入肉桂粉…1/5小匙
奶油（無鹽）…30g

備妥模具

1
裁剪四邊各大於模具2cm的烘焙紙後，鋪在模具內摺出四邊的形狀，再如圖示般於四個角各剪上一刀。

2
模具先塗抹薄薄一層奶油後，再鋪上烘焙紙。

蘋果烤起司蛋糕

apple baked cheese cake

以奶油炒過的饒富風味的蘋果，大量的拌入麵糊內及裝飾在蛋糕上。
格外濕潤的口感可說是一大絕品，可盡情享用蘋果的好滋沫。

準備工作 ●（細節參閱P.40）

1. 秤好所有材料的份量。蛋倒入容器中打散。奶油放入耐熱容器，以微波爐加熱約30秒使其溶化（將使用在作法6中）。

2. 在模具抹上薄薄一層人造奶油（份量外），若是可脫底模再灑上少許低筋麵粉（份量外），固定底模則在底部及側面鋪上烘焙紙（參閱P.40）。

3. 將用於餅乾底的奶油放入耐熱容器，以微波爐加熱約30秒，再與碎餅乾混合，鋪在模具底部，放入冰箱冷藏（參閱P.17）。

4. 將奶油乳酪切割成8至10等分後覆蓋保鮮膜，放進微波爐加熱約40秒，再隔著保鮮膜以手搓揉。

5. 烤箱預熱至170℃。

作法 ●（細節參閱P.41）

1. 炒蘋果。蘋果一顆，削皮、縱切成4等分後去芯，每片再縱切成3等分後橫切成塊。另一顆不去皮作為裝飾用，充分洗淨後，縱切成4等分後去芯，再各切成3至4等分。

2. 鍋子加熱，將奶油放入煎溶化，再倒入步驟1的蘋果，以中火拌炒，灑上砂糖，炒至水分收乾，然後放至盤中冷卻。裝飾用份量請分開處理。

3. 將奶油乳酪倒入碗中，以打蛋器充分攪拌。

4. 呈光滑狀後，依序加入砂糖、蛋黃及蛋，充分混合。

5. 低筋麵粉及杏仁粉混合過篩後倒入，拌至無粉粒。

6. 依序倒入牛奶及溶化的奶油，拌至光滑狀。

7. 放入去皮的蘋果，以橡皮刮刀拌均勻。

8. 倒入模具中，再輕晃使表面平整。

9. 放入烤箱烘烤約15分鐘，連同烤盤一起取出，鋪上裝飾用蘋果片並灑上松子，再烘烤30分至40分鐘，將中間烤鼓起。

10. 移至網架放涼，降至40℃、50℃後，覆蓋保鮮膜，放入冰箱冷藏3小時以上，再從模具中取出即可。

材料 ●（直徑15cm的圓模1個份）

奶油乳酪…200g
砂糖…70g
蛋黃…1個份
蛋…1個
低筋麵粉…10g
杏仁粉…25g
牛奶…100ml
奶油（無鹽）…20g
松子…10g

＜炒蘋果＞

蘋果…約150g重，2顆
奶油（無鹽）…15g
白砂糖…30g

＜餅乾底＞

喜歡的餅乾…40g
奶油（無鹽）…20g

杏仁粉
杏仁磨成的粉末，可增加濃醇度。可在烘焙材料店買到。

松子
松果的種子，營養豐富，可在超市或食品雜貨店買到。

point
待所有的蘋果都裹上奶油，稍為濕潤，再撒入白砂糖。

為避免蘋果沉入麵糊中，先烘烤形成一層膜後，再鋪上蘋果片，灑上松子。

橘子烤起司蛋糕

orange baked cheese cake

輕輕咬上一口，滿嘴都是橘子香。
熱時可口，冷的吃來另有一溫暖柔順風味。

8 可趁熱吃，也可移至網架放涼，降至
　40℃、50℃後，覆蓋保鮮膜，放入冰
　箱冷藏3小時以上，食用時再灑上適量
　的糖粉。

point

將橘瓣切成4小等分，
會比較容易與麵糊混
合。

作法 ●（細節參閱P.41）

1 切掉橘子的上下端，約可見到橘瓣的程
　度。皮的部分連同白色的薄皮也剝去，
　讓橘瓣隱約露出。裝飾用的橘子切成
　1cm寬的輪狀，剩下的那顆在薄皮及橘
　瓣的中間切入，將橘子的果粒挑出來切
　碎。

2 將奶油乳酪倒入鋼盆中，以打蛋器充分
　攪拌。

3 拌至光滑後，依序加入砂糖、蛋及原味
　優格，充分混合。

4 低筋麵粉過篩至步驟3中，拌至無粉
　粒。

5 倒入切碎的橘子和橙酒，以橡皮刮刀拌
　至均勻。

6 倒入烤皿中，每個烤皿鋪上一輪橘片。

7 放入烤箱烘烤20至30分鐘，以竹籤插
　入，抽出後若無沾黏就表示烤好了。

材料 ●（陶瓷烤皿4個份）

奶油乳酪…200g

橘子…3粒

砂糖…70g

蛋…2個

原味優格…100g

低筋麵粉…30g

橙酒（參閱P.32）… 1大匙

準備工作 ●（細節參閱P.40）

1 秤好所有材料的份量。將蛋打散。

2 在模具抹上薄薄一層人造奶油（份量
　外）。

3 將奶油乳酪切成8至10等分後覆蓋保鮮
　膜，以微波爐加熱約40秒，再隔著保鮮
　膜以手搓揉。

4 烤箱預熱至170℃。

材料 ●（18×8×6.5cm的磅蛋糕模1個
　　　份）

奶油乳酪…150g
奶油（無鹽）…50g
白砂糖…80g
蛋…1個
杏仁粉（參閱P.53）…40g
低筋麵粉…40g
泡打粉…1小匙
核桃…50g
葡萄乾…50g
蘭姆酒…1大匙

準備工作 ●（細節參閱P.40）

1 秤好所有材料的份量。將蛋倒入容
　器中打散。

2 在模具抹上薄薄一層人造奶油（份
　量外），再灑上少許的低筋麵粉
　（份量外）。

3 將葡萄乾放入耐熱容器中，滴入蘭
　姆酒後覆蓋保鮮膜，以微波爐加熱
　約1分30秒，略拌幾下後放涼。

4 炒香核桃，或以小烤箱的弱火烤個5
　分鐘，再切成約5mm大小。

5 奶油乳酪切成6至8等分後覆蓋保鮮
　膜，以微波爐加熱約30秒，再隔著
　保鮮膜以手搓揉。

6 烤箱預熱至170℃。

作法 ●（細節參閱P.41）

1 油乳酪倒入鋼盆中，以打蛋器充分
　攪拌。

2 至光滑後，依序加入砂糖及蛋，充
　分混合。

3 杏仁粉過篩倒入，再將低筋麵粉及
　泡打粉混合後，先將一半篩入，拌
　打至無粉粒。

4 一半低筋麵粉及泡打粉過篩至步驟
　3中，接著在粉上鋪上核桃及葡萄
　乾，好像要將粉裹上般，以橡皮刮
　刀翻拌混合。

5 入模具中，再輕晃使表面平整後，
　放進烤箱烘烤30至40分鐘。

6 至網架放涼，待完全冷卻後，再從
　模具中取出即可。

磅蛋糕型的核挑&葡萄乾起司蛋糕

walnuts & raisin baked cheese pound cake

口感濕潤、鬆軟，又輕。浸泡蘭姆酒的葡萄乾和烤香的核桃，
具有化龍點睛的效果。

memo

point

讓核桃及葡萄乾裹上
粉，在和麵糊混合時，
會因粉的黏性而不會全
部沉至底部，而能分散
至四處。

核挑
建議不使用一般零嘴的裹鹽核
挑，請改用無鹽的烘培用核桃。

甘藷&栗子烤起司蛋糕

sweet potato & sweet roasted chestnuts baked cheese cake

順口的起司蛋糕糊，搭配上切成大塊狀的鬆軟甘藷及栗子，
竟然出奇的對味，好吃到下巴都快掉下來了！

準備工作 ●（細節參閱P.40）

1 秤好所有材料的份量。蛋倒入容器中打散。
奶油放入耐熱容器中，以微波爐加熱約30
秒使其溶化（用於作法4）。

2 在模具抹上薄薄一層人造奶油（份量外），
若是可脫底模再灑上少許低筋麵粉（份量
外），固定底模則在底部及側面鋪上烘焙紙
（參閱P.40）。

3 將餅乾底的奶油放入耐熱容器，以微波爐加
熱約30秒使其溶化，再與碎餅乾混合後鋪
在模具底部，放入冰箱冷藏（參閱P.17）。

4 奶油乳酪切成8至10等分後覆蓋保鮮膜，以
微波爐加熱約40秒，再隔著保鮮膜以手搓
揉。

5 烤箱預熱至170℃。

作法 ●（細節參閱P.41）

1 將甘藷洗淨，連皮一起以保鮮膜包起來，以
微波爐加熱約3分鐘，軟化後放涼。接著縱
切成4等分，再切成一口大小。

2 將奶油乳酪倒入鋼盆中，以蛋器充分攪拌。

3 拌至光滑後，依序加入砂糖及蛋，充分混
合。

4 杏仁粉過篩至步驟3中，拌至無粉粒後，依
序加入牛奶及溶化的奶油，充分混合。

5 將一半的甘藷及糖炒栗子鋪排在模具內，
再將步驟4一半的材料倒入。接著鋪上剩餘
的甘藷及栗子，並倒入另一半的麵糊，輕
晃模具使表面平整。

6 放進預熱至170℃的烤箱，烘烤40至50分鐘
至中間膨起。

7 移至網架放涼，待降至40℃、50℃後，放
入冰箱冷藏3小時以上，再從模具中取出即
可。

memo

糖炒栗子
使用去皮的比較方便，可在超市
買到。

材料 ●（直徑15cm的圓模1個份）

奶油乳酪…200g
砂糖（請用紅糖）…70g
＊紅糖是含糖蜜的褐色砂糖，風味較濃。
蛋…1個
杏仁粉（參閱P.53）…30g
牛奶…50ml
奶油（無鹽）…30g
甘藷…200g
糖炒栗子…100g
＜餅乾底＞
喜歡的餅乾…40g
奶油（無鹽）…20g

point

以竹籤插至中心，如果
可穿入就表示烤好了。

分散鋪排，讓每一口都
吃得到甘藷及栗子。

巧克力香蕉烤起司蛋糕

chocolate & banana baked cheese cake

巧克力與香蕉是個好搭檔。
味道看似濃厚，但不覺得膩，常會不知不覺吃太多！

準備工作 ●（細節參閱P.40）

1 秤好所有材料的份量。將蛋倒入容器中打散。

2 在模具抹上薄薄一層人造奶油（份量外），若是可脫底模再灑上少許低筋麵粉（份量外），固定底模則在底部及側面鋪上烘焙紙（參閱P.40）。

3 奶油放入耐熱容器中，以微波爐加熱30秒使其溶化，再與碎餅乾混合後鋪在模具底部，放入冰箱冷藏（參閱P.17）。

4 以刀將巧克力切成碎片（參閱P.25），放入碗中。

5 將奶油乳酪切成8至10等分，覆蓋保鮮膜後以微波爐加熱約40秒，再隔著保鮮膜以手搓揉。

6 烤箱預熱至170℃。

作法 ●（細節參閱P.41）

1 取100g的香蕉，縱切成4等分，再橫切成5mm寬的輪狀。剩下的切成1cm寬的輪狀，作為裝飾用，再各自灑上檸檬汁。

2 牛奶倒入耐熱容器，以微波爐加熱1分鐘，再一次倒入所有的碎巧克力，拌至光滑狀。

3 將奶油乳酪倒入碗中，以打蛋器充分攪拌。

4 拌至光滑後，依序加入砂糖、蛋及步驟2的材料後，充分混合。

5 低筋麵粉過篩至步驟4中，拌至無粉粒後，倒入切成小塊的香蕉及巧克力酒，以橡皮刮刀翻拌混合。

6 倒入模具中，再輕晃使表面平整，接著在四周鋪上輪狀薄片的香蕉。

7 放進烤箱，烘烤約40至50分鐘。

8 移至網架放涼，待降至40℃、50℃後，放入冰箱冷藏3小時以上，再從模具中取出即可。

材料 ●（直徑15cm的圓模1個份）

奶油乳酪…200g
砂糖…70g
蛋…1個
低筋麵粉…20g
巧克力片（黑色）…100g
巧克力酒（亦可省略）…1大匙
牛奶…50ml
香蕉…1.5根（150g）
檸檬汁…1小匙
碎巧克力餅乾…60g
奶油（無鹽）…15g

一定要加入熱牛奶，再用湯匙將巧克力拌至完全溶化為止。

香蕉分散鋪放且避免弄碎，每口都會吃到香蕉厚實的口感。

材料 ●（直徑15cm的圓模1個份）
鄉村乳酪（參閱P.4）…200g
楓糖（或砂糖）…70g
檸檬汁…1小匙
蛋…2個
鮮奶油…100ml
奶油（無鹽）…20g
低筋麵粉…30g
軟杏桃乾…4片（50g）
南瓜籽…適量
＜餅乾底＞
喜歡的餅乾…40g
奶油（無鹽）…20g

準備工作 ●（細節參閱P.40）

1 秤好所有材料的份量。將蛋打散。奶油放入耐熱容器中，以微波爐加熱約30秒使其溶化（用於作法2）。

2 在模具抹上薄薄一層人造奶油（份量外），若是可脫底模再撒上少許低筋麵粉（份量外），固定底模則在底部及側面鋪上烘焙紙（參閱P.40）。

3 將餅乾底要用的奶油放入耐熱容器中，放進微波爐加熱30秒，溶化後與碎餅乾混合鋪在模具底部，再放上以手撕成兩半的杏桃乾，放入冰箱冷藏（參閱P.17）。

4 烤箱預熱至170℃。

作法 （細節參閱P.41）

1 將鄉村乳酪倒入鋼盆中，以打蛋器充分攪拌。

2 拌至光滑後，依序加入楓糖、檸檬汁、蛋、鮮奶油及溶化的奶油，充分混合。

3 低筋麵粉過篩至步驟2中，拌至無粉粒。

4 倒入模具中，再輕晃使表面平整。

5 放進烤箱，烘烤15分鐘後連同烤盤一起取出，在四周撒上南瓜籽後，再烘烤20至30分鐘，以竹籤插入，抽出後若無沾黏就表示烤好了。

6 移至網架放涼，待降至40℃、50℃後，放入冰箱冷藏3小時以上，再從模具中取出即可。

鄉村乳酪起司蛋糕

baked cottage cheese cake

添加濃郁的楓糖，可嘗到焦糖香味的蛋糕，嘴裡的每一口，都覺得幸福無比。鋪在底部的杏桃甜味也令人回味無窮。

point

杏桃乾沿模具底部鋪排一圈，再倒入麵糊，這麼作可方便烤後容易切開杏桃。

memo

南瓜籽
將南瓜籽烤過的加工品。請使用烘培用的無鹽南瓜籽。

軟杏桃乾
杏桃經日曬、乾燥而成。請挑選軟式的，可嘗到原本的甜味。

楓糖
楓樹汁去水分熬煮而成，風味絕佳。可在烘培材料店買到。

舒芙蕾起司蛋糕
基本款&變化款

舒芙蕾起司蛋糕

有著濕潤、鬆軟的綿密口感，

完全散發出清爽的檸檬風味。

加入打發的蛋白，隔水烘烤，

呈現不同於烤起司蛋糕的夢幻美味！

成功的關鍵在蛋白的打發方式，

嫻熟後你也能隨興作變化。

只能在家中嘗到的美味食譜，

你一定要動手作作看！

卡門貝爾乳酪&果醬舒芙蕾起司蛋糕

camembert cheese & jam souffl cheese cake

卡門貝爾乳酪的氣味及鹹味，搭配酸甜果醬的成人甜點。
因為不使用隔水蒸烤，有著潤澤又鬆軟的的新鮮口感。

準備工作 ●（細節參閱P.62）

1 秤好所有材料的份量。蛋白及蛋黃分開，各別倒入小碗中。奶油放入耐熱容器，用微波爐加熱約30秒使其溶化。

2 在模具抹上薄薄一層人造奶油（份量外），若是使用可脫底模具再灑上少許的低筋麵粉（份量外），固定底模具則在底部及側面鋪上烘焙紙（參閱P.40）。

3 將餅乾底要用的奶油放入耐熱容器，以微波爐加熱約30秒使其溶化，再與碎餅乾混合鋪在模具底部，放入冰箱冷藏（參閱P.17）。

4 將奶油乳酪切成2至3等分，覆蓋保鮮膜，以微波爐加熱約10至20秒，再隔著保鮮膜用手搓揉。

5 卡門貝爾乳酪對切，再切成適當的大小用保鮮膜包住，放進微波爐加熱約10秒。

6 烤箱預熱至170℃。

作法 ●（細節參閱P.63）

1 將將奶油乳酪倒入碗內，以打蛋器充分攪拌至光滑狀，再倒入40g的白砂糖攪拌。

2 拌至光滑後，加入卡門貝爾乳酪混合。留有乳酪皮的顆粒是OK的。

3 依序加入檸檬汁、蛋黃、牛奶及溶化的奶油，充分混合。

4 整體呈現光滑狀後，篩入低筋麵粉，拌至無粉粒。

5 加入20g的果醬，整體混合均勻。

6 蛋白倒入另一個碗，加入剩餘的20g白砂糖，以電動打蛋器打成蛋白霜（參閱P.63），然後分兩次倒入步驟5的材料中翻拌。留下2大匙，其餘倒入模具中。

7 將剩餘30g果醬倒入預留的麵糊中混合，滴落在模具的麵糊上，再用湯匙加上圖案。

8 放進烤箱烘烤約40至50分鐘，以竹籤插入，抽出後若無沾黏就表示烤好了。

9 移至網架冷卻，待降至40℃、50℃後，以保鮮膜包起來以防乾燥，放入冰箱冷藏3小時以上，再從模具中取出即可。

memo

果醬

這次使用的是如圖所示的櫻桃果醬，可置換成草莓、覆盆子、橘子醬等都OK。建議使用保留少許果肉的產品。

材料 ●（直徑15cm的圓模1個份）

卡門貝爾乳酪（參閱P.5）…100g
奶油乳酪…50g
白砂糖…60g
檸檬汁…1小匙
蛋…2個
牛奶…2大匙
奶油（無鹽）…30g
低筋麵粉…25g
喜歡的水果果醬…50g

＜餅乾底＞

喜歡的餅乾…40g
奶油（無鹽）…20g

point

卡門貝爾乳酪比奶油乳酪更易溶化，所以分開加熱。

以湯匙輕抹表面，加上圖案。

紅豆泥&黑糖舒芙蕾起司蛋糕

azuki bean & brown sugar souffl cheese cake

因為不加奶油，反而引出淡淡的乳酪風味及黑糖的濃郁。
濕潤的麵糊融入柔軟的紅豆，是一道適合拿來配綠茶的甜點。

memo

黑砂糖
平實的風味及鮮甜的砂糖。固體塊狀經過切割為細碎顆粒方便使用。

煮紅豆
小紅豆加入砂糖煮至熟透軟嫩，超市賣場都能買到。

point
小心翻拌，以免將紅豆粒弄碎了。

作法 ●（細節參閱P.63）

1 將奶油乳酪倒入碗內，以打蛋器充分拌至光滑狀，再倒入黑糖混合。

2 依序加入蛋黃及鮮奶油，拌至光滑狀後加入煮紅豆拌勻。

3 當步驟2材料呈光滑狀後，篩入低筋麵粉，拌至無粉粒。

4 蛋白倒入另一個碗中，加入白砂糖，以電動打蛋器打散，製作蛋白霜（參閱P.63）。然後分兩次倒入步驟3中，翻拌後倒入模具內。

5 放進預熱至170℃的烤箱烘烤約40至50分鐘，以竹籤插至中心，抽出後若無沾黏就表示烤好了。

6 移至網架冷卻，待降至40℃、50℃後，用保鮮膜包起來以防乾燥，放入冰箱冷藏3小時以上，再從模具中取出。

材料 ●（18×8×6.5cm的磅蛋糕模1個份）

奶油乳酪…100g

黑糖…30g

低筋麵粉…30g

蛋…2個

鮮奶油…2大匙

白砂糖…20g

煮紅豆（市售品）…80g

準備工作 ●（細節參閱P.62）

1 秤好所有材料的份量。蛋白及蛋黃分開，各別倒入小碗中。

2 在模具抹上薄薄一層人造奶油（份量外），配合底部及側面裁剪烘焙紙後鋪上。側面的高度要比模具高出2cm。

3 將奶油乳酪切成4至6等分，覆蓋保鮮膜，以微波爐加熱約10至20秒，再隔著保鮮膜以手搓揉。

4 烤箱預熱至170℃。

起司點心

本單元介紹幾款可利用剩餘的奶油乳酪製作的點心。

從排在第一位的天使奶油，

到可以平底鍋及微波爐輕鬆作成的布蕾與比司吉，

作法簡單得令人嚇一跳。

當有客人突然來訪，

起司甜點無疑是最受歡迎的零嘴喔！

天使奶油

cr me d'ange

正如名稱，是一道又鬆又軟、甘甜中帶著清爽酸味的魅力甜點。
重點在去除水分。也可用去水分的優格取代起司來製作這道甜點。

準備工作 ●

1 秤好所有材料的份量。

2 將濾篩或萬能濾網放在碗中，再鋪上紙巾或紗布。

3 水倒入小鍋中燒熱，以備隔水加熱用（參照 P.10）。

作法 ●

1 將法式白乳酪倒入碗中，加入20g的白砂糖，以打蛋器拌至光滑狀後，加入鮮奶油，充分攪拌至鬆鬆軟軟。

2 蛋白倒入另一個碗中，以電動打蛋器稍微打散後，加入剩餘的白砂糖，製作蛋白霜（參閱P.63），然後分2至3次倒入步驟1材料中，再以橡皮刮刀翻拌（參閱point）。

3 倒入備妥的濾篩中，覆蓋保鮮膜，放入冰箱冷藏約3小時以去除水分。

4 製作檸檬汁。將蛋黃、白砂糖及檸檬汁倒入碗中，以打蛋器輕拌後，隔水加熱拌勻。呈糊狀後自熱水移開，連同碗一起放入冰箱冷藏，食用時再加入鮮奶油混合。

5 以湯匙將步驟3的材料舀入容器中，淋上醬汁。

為了呈現鬆軟的輕食感，請小心翻拌以免弄破氣泡，不宜翻拌過度。

法式白乳酪含水分較多，一定要確實去除水分。

拌至會留下打蛋器攪拌的紋絡，且沒有蛋腥味即可。鮮奶油在熱時加入，會產生分離現象，待冷卻後再加。

天使材料 ●（4至6人份）

法式白乳酪（參閱P.5）…100g

白砂糖…30g

鮮奶油…50ml

蛋白…2個份

＜檸檬醬汁＞

蛋黃…1個份

白砂糖…10g

檸檬汁…1大匙

鮮奶油…25ml

以優格取代
法式白乳酪的作法

優格去除水分後，會散發新鮮乳酪般的濃厚味道。從優格產生的水分稱為乳清，營養成分豐富，不要丟掉，可和牛奶及砂糖混合作成飲料。

作法

將濾篩或萬能濾網放在碗中，再鋪上紙巾或紗布。接著倒入200g的原味優格，覆蓋保鮮膜後放入冰箱冷藏2至3小時去除水分。約剩100g的份量即可。

起司布丁
cheese pudding

在常吃的布丁加入奶油乳酪的濃郁風味。
以蜂蜜檸檬醬汁取代焦糖，感覺新奇又特別。
如果製作起司蛋糕時有用剩的蛋、牛奶及白砂糖，
利用微波爐就可以簡單作成喔！

材料 ●（4個份）
奶油乳酪…50g
白砂糖…25g
蛋…1個
牛奶…200ml
＜檸檬醬汁＞
蜂蜜…25g
檸檬汁…1大匙

準備工作 ●
秤好所有材料的份量。蛋倒入容器中
打散。

作法 ●

1 將奶油乳酪倒入耐熱容器中，以微
波爐加熱約10秒使其軟化，再以打
蛋器拌至光滑狀。

2 依序加入白砂糖、蛋及牛奶，拌至
光滑狀。

3 使用茶濾網將步驟2的材料等量的
濾進耐熱容器（避開金屬材質）
中，再覆蓋保鮮膜。

4 預留間距排放在微波爐的轉盤上，
以弱火（170W）加熱10至12分
鐘，視實際狀況作調整。將容器稍
微傾斜，沒有流出蛋液就表示完成
了，可隨喜好放入冰箱冷藏後再食
用。

5 將蜂蜜及檸檬汁倒入碗中充分混
合，製作蜂蜜檸檬醬汁，然後淋在
成品上。也可以再鋪上檸檬薄片作
為裝飾。

point

很多微波爐在中
央部分都不易受
熱，請避免置於
中間。

起司蒸糕
steamed cheese snack

吃起來口感濕潤，但又鬆鬆軟軟的！
是一款有著淡淡起司香氣，口味又溫柔的蒸糕。

材料 ●（直徑6cm的菊花模6個份）
奶油乳酪…50至60g
砂糖…50g
蛋…1個
低筋麵粉…40g
太白粉…20g
泡打粉…1小匙
沙拉油…10g

準備工作 ●
秤好所有材料的份量。蛋倒入容器中
打散。

作法 ●

1 將奶油乳酪倒入耐熱容器中，以微
波爐加熱約10秒使其軟化，再以打
蛋器拌至光滑狀後，依序加入砂糖
及蛋，充分混合。

2 將低筋麵粉、太白粉及泡打粉混
合，以濾網過篩到步驟1中，以打
蛋器轉圈混合。待無粉塊後加沙拉
油，充分混合後倒入菊花模中。

3 放入已經用熱水煮沸的蒸具中，以
強火約蒸10分鐘。插入竹籤，抽出
後若無沾黏就表示蒸好了。

memo

泡打粉
讓麵糰膨膨起的膨大劑，餘味比小
蘇打少。和其他粉類一起混合過
篩，較易拌和。

point

蒸後還會脹大，
所以麵糊只倒至
模具的八分滿。

起司比司吉

cheese biscuits

以平底鍋烘烤，口感濕潤且軟綿的比司吉。
清香的起司味道簡單，趁熱吃最棒了！
也可搭配喜歡的果醬一起享用。

作法 ●

1 製將低筋麵粉及泡打粉混合，以濾
網過篩到碗中。

2 加入砂糖後輕拌，再加入奶油及奶
油乳酪。

3 以雙手的手指，快速將粉類與奶油
及奶油乳酪混合（參閱point），
拌至呈紅豆大的的塊狀後（參閱
point），加入牛奶混合，放入塑膠
袋後排出空氣，靜置醒麵約15至30
分鐘，這樣麵糰就不會鬆弛，容易
擀開。

4 在砧板撒上手粉，放上麵糰，擀成
1cm厚，再印壓成喜歡的形狀。印
壓後多餘麵糰狀，可再揉成糰後再
擀成1cm厚，再壓型，如此反覆。

5 輕放在平底鍋上，彼此空出間距。
蓋上鍋蓋以弱火煎上3至5分鐘。
當底部呈現焦色就翻面，再蓋上鍋
蓋，繼續以弱火煎上3至5分鐘，直
到呈焦色且膨起為止。

6 抹上果醬就可以食用了。若冷掉後
可以用小烤箱稍微烤熱後再吃。

將粉類灑在表面般，用
雙手混合。動作要快，
以免奶油溶化了。

握緊後可結成塊，表示
拌好了。

空出間距才不會黏在一
起。同時不要一次全部
放進去，可分次煎。而
還沒煎的麵糰以保鮮膜
包起來，防止乾燥。

材料 ●（12至15個份）

奶油乳酪…50g
奶油（無鹽）…25g
低筋麵粉…100g
泡打粉…1/2大匙
砂糖…2大匙
牛奶…1大匙
喜歡的果醬…適量
手粉（低筋麵粉）…適量

＊手粉是指在擀開麵糰等作業時，為防沾黏
而灑上的粉。

準備工作 ●

1 秤好所有材料的份量。

2 奶油及奶油乳酪各切成1cm大的丁
塊。

材料 ●（4人份）
奶油乳酪…50g
白砂糖…40g
蛋…2個
牛奶…50ml
太白粉…15g
水蜜桃（罐頭）…剖半的8片
（隨喜好）杏仁薄片及糖粉…各少許

準備工作 ●

1 秤好所有材料的份量。

2 水蜜桃切半，輕輕拭去汁液。

3 蛋打入容器中攪散。

作法 ●

1 在可放入小烤箱的烤皿中各鋪上4
片水蜜桃。

2 將奶油乳酪倒入耐熱容器中，以微
波爐加熱約10秒使其軟化，再以打
蛋器拌至光滑狀。

3 依序加入白砂糖及蛋，混合拌至光
滑狀。

4 倒入太白粉，拌至無粉粒後，倒入
牛奶充分混合。

5 將等量材料倒入步驟1的烤皿中，
隨喜好灑上杏仁片，再放進小烤箱
中每個約烤上10分鐘，直到膨鬆。
如果快烤焦了，可中途蓋上鋁薄紙
後再烤。最後依喜好灑上糖粉即
可。

水蜜桃起司起烤布丁
peach cheese flan

利用起司蛋糕剩下的奶油乳酪簡單作成的甜點。
似乎很類似烤水果盅呢！

memo

水蜜桃
水蜜桃去核，浸泡醬汁。有切丁
塊及本書使用的剖半型等多種類
型。

point

為避免含水分太多，先拭去
水蜜桃的汁液，而蛋糊只注
滿烤皿約八分高。

起司與核桃的濕潤熱蛋糕

cheese & walnuts pancake

起司的風味與核桃的香氣恰如其分組合的熱蛋糕。
與其一個個煎烤得整整齊齊,不如煎得粗獷些,然後盡情的大口享用。

作法

1. 將奶油乳酪倒入耐熱容器內,以微波爐加熱約20分鐘使其軟化,再以打蛋器拌打至光滑狀。

2. 依序加入砂糖、蛋及牛奶,拌至光滑狀。

3. 將低筋麵粉及泡打粉混合,以濾網篩至步驟2中,再倒入核桃,拌至無粉粒。

4. 煎鍋加熱後轉弱火,將步驟3材料倒入,大小隨喜好,然後蓋上鍋蓋煎烤。待表面因空氣排出而冒泡、背面呈焦色,就翻面再加蓋煎至膨起,最後依喜好淋上楓糖漿即可。

材料 ●(4人份)

奶油乳酪…100g
砂糖…20g
蛋…1個
牛奶…2大匙
低筋麵粉…100g
泡打粉…1/2大匙
核桃…30g
楓糖漿…適量

準備工作 ●

1. 秤好所有材料的份量。蛋放入容器中打散。

2. 以小烤箱以弱火5分鐘微烤核桃,或是以煎鍋輕炒,再切成5mm的小丁。

point
要訣在使用氟素樹脂加工的平底鍋,不必加油煎即可烤出漂亮的焦黃色。

起司奶油夾心脆餅乾
cheese cream sand cracker

將滑潤的奶油乳酪與葡萄乾一起用薄脆餅乾夾起來，
就成了受歡迎的葡萄乾夾心點心。

材料 ●（8個份）
奶油乳酪…50g
薄脆餅乾（鹹味）…16片
砂糖…15g
檸檬汁…1小匙
葡萄乾…24粒

作法 ●

1 奶油乳酪倒入耐熱容器內，以微波爐加熱約10秒使其軟化，再倒入砂糖及檸檬汁，充分混合。

2 餅乾抹上適量的步驟1材料，放上三粒葡萄乾後用另一片餅乾夾住。

3 放進冰箱冷藏5分鐘，使奶油乳酪的風味更穩定。

memo

薄脆餅乾（鹹味）
甜度低、表面沾附鹽巴的餅乾。在超市常見到RITZ餅乾就滿適合的。

point

如果由上面用力壓，會使奶油溢出，所以只要輕輕鋪放即可。

桃子起司棒
peach cheese dip

除了可以沾餅乾吃，搭配海綿蛋糕、
蜂蜜蛋糕及土司也很美味。

作法 ●

1 白桃放入碗中，以叉子搗碎。

2 以保鮮膜包覆奶油乳酪，以微波爐加熱約10秒，以手隔著保鮮膜搓揉後倒入步驟1材料中，用打蛋器拌光滑狀，再倒入罐頭汁及白酒，充分混合。

3 以手指餅乾沾著一起吃。

材料 ●（4人份）
奶油乳酪…50g
白桃（罐頭）…50g
罐頭汁…1大匙
白酒…1大匙
手指餅乾（參閱P.30）…8根

栗子起司茶巾絞
marron cheese ball

外型像和菓子，吃進嘴裡保證嚇一跳！
栗子與起司組合創造出前所未有的美味。

材料 ●（6個份）
奶油乳酪…100g
栗子泥…50g
糖炒栗子（參閱P.57）…6粒
（依喜好）抹茶…少許

作法 ●

1 將奶油乳酪放入耐熱容器
　中，以微波爐加熱約20秒
　使其軟化，再以打蛋器拌
　至光滑狀後，加入栗子泥
　充分混合。

2 將保鮮膜裁成比手掌大，
　放上1/6步驟1的材料，再
　放一粒栗子。

3 拉住保鮮膜的四個角，由
　口部束起包住，放入冰箱
　約冷藏10分鐘加以凝固。

4 剝開保鮮膜，隨喜好灑上
　抹茶粉即可。

memo

栗子泥
將水煮栗子碾碎，加砂糖
一起煮成的栗子泥。如果
沒有，可用花生醬或巧克
力抹醬等代替。

point

就像將栗子整
粒包住般，將
保鮮膜的四個
角集中束起。

甜起司球
sweet cheese ball

在奶油乳酪中增添風味的水果、堅果及碎餅乾，
再滾成球狀，可作為一道前菜喔！

作法 ●

1 將奶油乳酪放入耐熱容器中，以微
　波爐加熱約20秒使其軟化，再以打
　蛋器拌至光滑狀後，加入蜂蜜充分
　混合。

2 餅乾隨意剝碎，將1/2步驟1的材料
　倒入並粗拌幾下，再以兩根湯匙滾
　成約一口大的圓球，盛在盤上。

3 將另一半步驟1的材料加入綜合水
　果乾及堅果，再滾成圓球狀。

4 將盤子放入冰箱冷藏約5分鐘，待
　起司凝固後食用。

材料 ●（4人份）
奶油乳酪…100g
蜂蜜…20g
巧克力餅（如OREO餅乾
等）…25g
綜合水果乾及堅果…30g
＊示範作品用的是葡萄乾、
　杏仁、南瓜籽、花生、松
　子及枸杞等，可依喜好調
　整。

把包裝可愛的甜點送給他♥
他一定很開心！

烤好的拿手蛋糕，總不免想要送給喜歡的人，讓對方分享這小小的幸福！
想起對方收到甜點時微笑的臉，在之後作起司蛋糕時應該也會更enjoy吧！

利用不會滲出油脂的蠟紙包住起司棒，兩頭用力捲一下，像是在包糖果。這樣既不會弄髒手，還可以輕鬆大口的吃。

使用菊花模烘烤，剛好是1人份的大小，也適合攜帶或送人。裝入透明的塑膠袋，再以小木夾搭配小配飾，包裝成漂亮的送禮小物。

磅蛋糕型的起司蛋糕，為防變形可先放入鋪上蠟紙的盒子，外層再以玻璃紙包覆，再別上蝴蝶結或小卡片，可多嘗試著組合不同元素。

圓形的起司蛋糕，分切後以蠟紙包裝，就變得方便好攜帶。再挑選喜歡顏色的繡線紮起來，放入木盒中，真是俏皮到不行！打開盒子的瞬間，勢必會引來一陣歡呼聲。

國家圖書館出版品預行編目(CIP)資料

新手也會作吃了會微笑的起司蛋糕著；瞿中蓮譯.
– 二版. -- 新北市：良品文化館, 2015.12
　　面；　公分. -- (烘焙良品；09)

　　ISBN 978-986-5724-58-0 (平裝)

427.16　　　　　　　　　　　　100023977

烘焙　良品 09

新手也會作吃了會微笑的起司蛋糕（暢銷新版）

作　　　　者／石澤清美
譯　　　　者／瞿中蓮
發　行　　人／詹慶和
總　編　　輯／蔡麗玲
執　行　編　輯／李佳穎
編　　　　輯／蔡毓玲・劉蕙寧・黃璟安・陳姿伶・白宜平
封　面　設　計／韓欣恬
美　術　編　輯／陳麗娜・周盈汝・翟秀美・韓欣恬
內　頁　排　版／造極
出　　版　　者／良品文化館
郵政劃撥帳號／18225950
戶　　　　名／雅書堂文化事業有限公司
地　　　　址／220新北市板橋區板新路206號3樓
電　子　信　箱／elegant.books@msa.hinet.net
電　　　　話／(02) 8952-4078
傳　　　　真／(02) 8952-4084

2015年12月二版一刷 定價／280元

SHINSOUBAN DAISUKI CHEESE CAKE
© Shufunotomo Co., Ltd. 2010
Original published in Japan by Shufunotomo Co., Ltd.
Tanslation rights arranged with Shufunotomo Co., Ltd.
Through Keio Cultural Enterprise Co., Ltd.

總　經　　銷／朝日文化事業有限公司
進退貨地址／235新北市中和區橋安街15巷1號7樓
電　　　　話／(02) 2249-7714
傳　　　　真／(02) 2249-8715

作者簡介

石澤清美

料理家。活躍於雜誌、書籍及電視等
領域，並從事食品開發。她的食譜因
為初學者也能輕鬆上手，簡單又美
味，因而深獲好評。著作有《チョコレ
ートのお菓子大切な人の2人分レシピ》
《最新版手作りパン》《保存版 たれソ
ースドレッシング》等（以上均由主婦
之友社出版）。

封面設計 小林直子
版面設計 小林直子
攝　　影 梅澤 仁
造　　型 石川美加子
編　　輯 岡井美娟子
編輯審閱 神谷裕子（主婦の友社）

I LOVE CHEESE CAKES !

吃了會微笑的 cheese 😊

I LOVE CHEESE CAKES !